面向 21 世纪课程教材

普通高等院校机械类"十二五"规划教材

机械制造工程实训基础

主编　陈勇志　李荣泳　何伟锋

主审　孙振忠

西南交通大学出版社

·成都·

图书在版编目（CIP）数据

机械制造工程实训基础 / 陈勇志主编. —成都:西南交通大学出版社，2012.11（2018.1 重印）
面向 21 世纪课程教材. 普通高等院校机械类"十二五"规划教材
ISBN 978-7-5643-1998-4

Ⅰ.①机… Ⅱ.①陈… Ⅲ.①机械制造工艺－高等学校－教材 Ⅳ.①TH16

中国版本图书馆 CIP 数据核字（2012）第 225189 号

面向 21 世纪课程教材
普通高等院校机械类"十二五"规划教材
机械制造工程实训基础
主编　陈勇志　李荣泳　何伟锋

责 任 编 辑	王　旻
助 理 编 辑	罗在伟
封 面 设 计	墨创文化
出 版 发 行	西南交通大学出版社 （四川省成都市二环路北一段 111 号 西南交通大学创新大厦 21 楼）
发行部电话	028-87600564　028-87600533
邮 政 编 码	610031
网　　　址	http://www.xnjdcbs.com
印　　　刷	成都蓉军广告印务有限责任公司
成 品 尺 寸	185 mm×260 mm
印　　　张	13.75
字　　　数	342 千字
版　　　次	2012 年 11 月第 1 版
印　　　次	2018 年 1 月第 4 次
书　　　号	ISBN 978-7-5643-1998-4
定　　　价	28.50 元

前　言

随着高等教育工程实训教学改革的不断深入，机械制造工程实训的教学内容不仅仅包括传统机械制造方面的加工工艺技术，还包括数控加工、塑料成型、快速成型、激光加工等现代加工技术。传统的金工实习体系已经逐步向现代工程训练体系转化，结合这些变化以及高等院校工程训练课程改革与建设的需要，我们编写了这本工程训练的指导教材《机械制造工程实训基础》。

《机械制造工程实训基础》主要包括材料及其成型技术、机械加工技术以及现代加工技术等内容。在现代加工技术的不同章节中，简单介绍了 SolidWorks、PowerMill 等软件及其应用，以便使学生了解 CAD/CAM 的原理和技术。

本教材的编写思路是内容注重实际训练，举例实用，便于操作。因此，编写时认真总结了各兄弟院校关于本课程教学内容和课程体系教学改革的经验，借鉴了国内兄弟院校的教学改革成果，结合编者的教学实践经验和工程实训的实际内容，以高等院校常用的设备为例，介绍传统加工和现代加工的基本制造技术和工艺。每章的后面还有思考与练习题，以帮助学生消化、巩固和深化教学内容以及进行实际工程实训和实验；某些章节的思考与练习题中要求学生结合实际设计并制造出有一定创意和使用价值的作品，以便于在实训中开展创新设计与制造活动。因篇幅限制，本教材以必需和够用为编写原则，内容作了必要的精简，文字力求简洁，同时注意知识的系统性和科学性。

本教材适合于应用型本科院校的工程实训教学使用。对个别专业，可根据其专业特点和后续课程需要，有针对性地选择其中的实训内容来组织教学。

本教材由东莞理工学院机械工程学院的陈勇志、李荣泳、何伟锋等老师主编，陈盛贵、陈海彬、叶静、吴鹏等老师参加了编写，蔡盛腾、何楚亮、金鑫等老师提供了相关的编写资料，孙振忠教授审阅了本教材。教材第 1、2、3、4 章由陈勇志编写；第 5 章由吴鹏编写；第 6、11、16 章由何伟锋编写；第 7、13、15 章由李荣泳编写；第 8、10 章由叶静编写；第 9、17、18 章由陈盛贵编写；第 12、14 章由陈海彬编写。此外，本教材的成形期及教学试用期达四年之久，在此期间华南理工大学的刘友和教授、东莞理工学院机械工程学院王卫平教授、钟守炎教授对本书提出了许多宝贵的意见，在此谨表衷心的感谢。

本教材是对应用型本科院校工程训练的教学内容改革的初步尝试，由于编者水平所限，书中难免有错误与欠妥之处，恳请读者批评指正。

编　者

2012 年 8 月

目　　录

第 1 章　机械制造工程实训概述

1.1　概　述

机械制造工程实训，又叫金属加工工艺实习，是一门实践基础课，是机械类各相关专业学生学习工程材料及机械制造基础等课程不可或缺的一门课，是非机械类有关专业教学计划中重要的实践教学环节。它不仅对培养学生的动手能力有很大的意义，而且可以使学生了解到传统的机械制造工艺和现代的机械制造技术。

机械制造工程实训包括铸造、锻压、焊接、热处理、机加工（车、铣、刨、磨）、钳工、塑料成型、机械与模具拆装、数控加工及电加工等工种。学生在进行各工种的实训时，通过实际操作与练习，可以获得各种加工方法的感性认识，初步学会使用有关设备、刀具、量具和夹具等，并提高实践动手能力。通过指导人员的现场讲解、演示和讲座等教学环节，能了解到机械产品是用什么材料制造的，机械产品是怎样制造出来的，学到许多机械制造的基本工艺知识。

1.2　机械制造工程实训基本要求

机械制造工程实训与一般的理论性课程不一样，主要的学习不是在教室中进行，而是在实训中心的车间。一般的实训中心都有一套完整的管理制度，主要包括安全管理制度、设备管理制度和设备操作规程等，制订这些管理制度主要是为了防止发生人身安全和设备安全事故。

学生在工程实训中的基本要求和注意事项主要有以下几点：

（1）学生进行工程实训之前，必须接受有关的纪律教育和安全教育，并以适当的方式进行必要的考核。

（2）严格遵守安全制度、文明生产制度和设备及工艺操作规程。实习时必须按工种要求穿戴防护用品，不准穿拖鞋、短裤、背心、裙子等参加实训，女同学须戴工作帽。

（3）操作时必须精神集中，不要与别人闲谈。学生除在指定的设备上进行实训外，其他一切设备、工具未经同意不得擅自动用。

（4）严格遵守劳动纪律，不得擅自离开岗位。

（5）严格遵守文明生产制度。操作时所用的工具、量具等物品要摆放合理、美观，下课时应收拾清理好工具、设备，打扫工作场地，保持工作环境的整洁卫生，不得在车间嬉戏、吸烟、阅读书刊和玩手机听音乐。

（6）严格遵守考勤制度，不得旷工、迟到或早退。

（7）爱护实训车间的工具、设备、劳保用品和一切公共财物，节约使用必需的消耗品（如棉纱、机油、砂布、肥皂等）。

（8）现场教学和参观时，必须服从组织安排，注意听讲，不得随意走动。

（9）注意安全，不准在吊车吊物运行路线上行走和停留。

（10）实训中如发生事故，应立即拉下电门或关上有关开关，并保持现场，报告实训指导人员（较大事故需向中心负责人报告），查明原因，处理完毕后，方可再继续实训。

1.3　机械制造工程实训考勤制度

（1）学生在实训期间，应遵守实训中心上、下课的制度，不能迟到、早退或旷课。

（2）因病请假者须有医生证明，经负责教师批准后，告知实训指导人员方为有效。

（3）实训期间学生一般不得请事假。因特殊情况必须请事假者，须写请假条经院系有关部门批准后，持有关证明向实训中心办公室办理请假手续，并将假条送交实习指导人员。

（4）院系或其他单位要抽调实训学生去做与实训无关的其他事情，须经教务处批准。否则，任何单位或个人都不得擅自抽调实训学生。

（5）学生的考勤由实训指导人员执行，迟到者应主动向指导人员报告。

1.4　机械制造工程实训总结报告

工程实训结束后，学生需递交一份《工程实训总结报告》。《工程实训总结报告》在实训结束后的一星期内由各班收齐交到实训中心办公室。

实训总结报告封面统一，封面上写上姓名、班级、学号、实训时间，内容应层次分明、文笔通畅，字数一般在3 000字左右。

总结报告内容包括以下几个方面：

（1）思考自己实训过的内容，描述自己在操作技能、机械基础知识等方面的体会与收获。

（2）根据实训时的实例，描述自己对有关知识的理解和技能的应用及掌握程度。

（3）评价自己实训过程中各方面的收获与不足。

（4）对实训指导人员作出客观评价，对实训内容和安排提出中肯的意见和建议。

思考与练习

1.1　机械制造工程实训包括哪些工种？

1.2　学生在工程实训中有哪些基本要求与事项需要遵循与注意？

1.3　熟悉机械制造工程实训考勤制度，在实训工程中要严格遵守。

1.4　机械制造工程实训总结报告包括哪几方面的内容？

第 2 章　金属材料及钢的热处理

2.1　金属材料简介

碳钢和铸铁是工业中应用范围最广的金属材料，它们都是以铁和碳为基本组元的合金，通常称之为铁碳合金。铁是铁碳合金的基本成分，碳是主要影响铁碳合金性能的成分。一般含碳量为 0.021 8%～2.11% 的称为钢，含碳量大于 2.11% 的称为铸铁。

2.1.1　钢

钢根据其成分的不同常分为碳素钢和合金钢两大类。

1. 碳素钢

碳素钢是以铁和碳为主要组成元素的铁碳合金。碳素钢按含碳量又可分为低碳钢（含碳量 ≤0.25%），中碳钢（0.25%＜含碳量＜0.6%），高碳钢（含碳量 ≥0.6%）。

工业中按用途将碳素钢分为碳素结构钢、碳素工具钢等。

（1）碳素结构钢。

按含磷、硫量的不同分为碳素结构钢和优质碳素结构钢，如表 2.1 所示。

表 2.1　碳素结构钢分类及用途

名　称	常用钢种	牌号意义	应用举例
碳素结构钢	Q195，Q235，Q235A，Q255，Q255B	数字表示最小屈服点；数字越大，含碳量越高；A、B 表示质量等级	螺栓、连杆、法兰盘、键、轴等
优质碳素结构钢	08F，08，15，20，35，40，45，50，45Mn，60，60Mn	数字表示含碳量万分之几；F 表示沸腾钢；当含锰量在 0.8%～1.2% 时加 Mn 表示	冲压件、焊接件、轴类件、齿轮类、蜗杆、弹簧等

（2）碳素工具钢。

碳素工具钢用于制作刀具、模具和量具等，由于其加工性能良好，价格低廉，使用范围广泛，所以在工具生产中用量较大。碳素工具钢牌号有 T8、T10、T10A、T12、T13 等，牌号后面的数字表示含碳量千分之几，A 表示高级优质钢。T10 是最常见的一种碳素工具钢，韧度适中，生产成本低，经热处理后硬度能达到 60HRC 以上，被广泛用于制造手用刀具等简单工具。

2. 合金钢

合金钢是在碳素钢中加入一种或数种合金元素的钢。常用的合金元素有 Mn、Si、Cr、Ni、Mo、W、V、Ti 等。合金钢种类繁多，工业上常按合金钢的用途将其分为合金结构钢、合金工具钢、特殊性能钢等。

（1）合金结构钢。

合金结构钢用来制造各种机械结构零件，如 40Cr、40CrNiMoA、45CrNi 等可用来制造齿轮、曲轴、连杆、车床主轴等。

（2）合金工具钢。

合金工具钢主要用于制造量具、刃具、耐冲击工具和冷、热模具及一些特殊用途的工具，如 Cr12、Cr4W2MoV 等可用来制造冷作模具；9SiCr、CrWMn 可用来制造量具；W18Cr4V、W6Mo5Cr4V2、W9Mo3Cr4V 等可用来制造刀具。

（3）特殊性能钢。

特殊性能钢是指具有特殊的化学和物理性能的钢。特殊性能钢通常用来制造除要求具有一定的机械性能外，还要求具有特殊性能的零件。如不锈钢 1Cr17Mo 可用来制造酸输送管道；耐热钢 1Cr13Mo 可用来制造散热器；耐磨钢 ZGMn13-1 等可用来制造挖掘机履带。

2.1.2　铸　铁

铸铁是含碳量在 2.11% 以上的铁碳合金。铸铁中硅、锰、硫、磷等杂质较钢多，抗拉强度、塑性和韧性不如钢好，但容易铸造，减振性好，易切削加工，且价格便宜，所以铸铁在工业中仍然得到广泛的应用。

根据铸铁中碳的存在形式不同，铸铁可分为白口铸铁、灰口铸铁、可锻铸铁、球墨铸铁四种。

1. 白口铸铁

白口铸铁的碳主要以渗碳体形式存在，其断口呈银白色。凝固时收缩大，易产生缩孔、裂纹。硬度高，脆性大，不能承受冲击载荷。多用作可锻铸铁的坯件和制作耐磨损的零部件。

2. 灰口铸铁

灰口铸铁的碳主要以片状石墨形式存在，其断口呈灰色，故称灰口铸铁。这种铸铁的硬度和强度较低，但抗振性能好，易切削，它是铸造中用得最多的铸铁。牌号由"HT"（灰、铁两字的汉语拼音字首）和一组数字组成。如 HT200，其中数字 200 表示抗拉强度不小于 200 MPa。灰口铸铁多用于铸造受力要求一般的零件，如床身、机座等。

3. 可锻铸铁

可锻铸铁的碳以团絮状石墨形式存在。这种铸铁有较高的强度和塑性，但实际上并不能锻造，主要由白口铸铁退火处理后获得，其组织性能均匀，耐磨损，有良好的塑性和韧性。常用于制造形状复杂、能承受强动载荷的零件。

4. 球墨铸铁

球墨铸铁的碳以球状石墨形式存在。这种铸铁的强度较高，塑性和韧性较好，常用于制造受力复杂、载荷大的机件，牌号如 QT600-02。

可锻铸铁和球墨铸铁的牌号中，后一组数字表示伸长率。

2.2　钢的热处理

将钢材在固态下通过加热、保温和不同方式的冷却，改变内部组织，获得所需性能的工艺方法称为热处理。热处理能改善材料性能，充分发挥材料的潜力，延长使用寿命，提高经济效益。因此，机器中许多重要零件都要进行热处理。

钢的热处理工艺主要有退火、正火、淬火、回火和表面热处理等。

2.2.1　退　火

将工件加热到某个温度（碳钢为 740～880 ℃），保温一定时间，随后缓慢冷却（一般随炉冷却约 100 ℃/h）的热处理工艺称为退火。

退火的主要目的是降低硬度，消除内应力，改善组织和性能，提高塑性和韧性，为后续的机械加工和热处理做好准备。

2.2.2　正　火

将工件加热到某个温度（碳钢为 760～920 ℃），保温一定时间，从炉中取出，在静止空气中冷却的热处理工艺称为正火。

正火的目的与退火基本相似，但不同点是正火的冷却速度比退火稍快，因而正火组织要比退火组织更细一些，其机械性能也有所提高。然而正火后的钢硬度比退火高，对于低碳钢的工件具有更良好的切削加工性能（实践表明，硬度在 HB170～HB230 的钢，切削加工性能较好，硬度过高或过低，切削加工性能均会下降）。而对于中碳合金钢和高碳钢的工件，则因正火后硬度偏高，切削加工性能较差，以采用退火为宜。正火难以消除内应力，为防止工件的裂纹和变形，对大件和形状复杂件仍多采用退火处理。

从经济方面考虑，正火比退火的生产周期短，因为正火时不必像退火那样使工件随炉冷却，占用炉子时间短，生产效率高，所以在生产中一般尽可能用正火代替退火。

2.2.3　淬　火

将工件加热到某个温度（碳钢为 770～870 ℃），保温一定时间，随后快速冷却的热处理工艺称为淬火。

淬火处理过程中，冷却速度非常关键。冷却速度过慢，达不到所要求的性能；而冷却速度太快，则由于工件内外冷却速度差异很大，引起体积变化的差异也很大，容易造成工件的变形及裂纹。因此，应根据工件的材料、形状和大小等，严格规定淬火的冷却速度。

淬火的主要目的是提高工件的强度和硬度，增加耐磨性。淬火是工件强化最经济有效的热处理工艺，几乎所有的工、模具和重要零件都需要进行淬火处理。工件淬火后配合以不同温度的回火，可以大幅提高钢的强度、硬度、耐磨性、疲劳强度以及韧性等，从而满足各种机械零件和工具的不同使用要求。

淬火操作：淬火时，除注意加热速度与加热时间外，还要注意合理选择淬火剂和工件浸入的方式。

1. 淬火剂

淬火介质也称淬火剂。常用淬火剂有水和油两种。水通常用于一般碳钢零件的淬火。在水中加入食盐或碱，可以提高冷却速度。淬火时也常用植物油或矿物油作淬火剂。油作淬火剂时，冷却能力较水低，可防止工件产生裂纹等缺陷，适用于合金钢淬火。但油易燃，价格较高，且易老化。

2. 淬火工件浸入淬火剂的方式

淬火时，由于冷却速度很快（可高达 1 200 ℃/s），为减少工件变形和开裂倾向，淬火工件浸入淬火剂的方式有一定要求，其根本的原则是要保证工件得到最均匀的冷却。如果浸入方式不正确，则可能因工件各部分的冷却速度不一致而造成极大的内应力，使工件发生变形、裂纹或产生局部淬不硬等缺陷。淬火工件浸入淬火剂的操作方法如图 2.1 所示。不同形状的工件浸入淬火剂的方式如下：

（1）细长工件如钻头、丝锥、锉刀等要垂直浸入；
（2）厚薄不匀的工件，厚的部分先浸入；
（3）薄壁环形零件，沿其轴线垂直于液面方向浸入；
（4）薄而平的工件，立着快速浸入；
（5）截面不均匀的工件，应斜着浸入，以使工件各部分的冷却速度保持均衡。

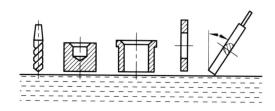

图 2.1　不同形状的工件正确浸入淬火剂的操作方法

2.2.4　回　火

为了减小淬火钢件的脆性，得到所需的性能，并消除内应力，钢件淬火后必须回火。

回火是将钢件重新加热到适当的温度，保温一段时间再冷却下来的热处理工艺。回火的目的是减小或消除工件在淬火时产生的内应力，降低淬火钢的脆性，使工件获得较好的强度、韧性、塑性、弹性等综合力学性能。根据加热温度不同，回火可以分为以下三种：

1. 低温回火

低温回火温度在 150～250 ℃，其目的是在基本保持淬火钢高硬度的前提下，适当地提高淬火钢的韧性，降低淬火应力。低温回火适用于刀具、量具、冷冲模具和滚动轴承等的热处理。

2. 中温回火

中温回火温度在 350～450 ℃，中温回火可以消除钢件大部分内应力，硬度有显著的下降，但仍有一定的韧性和弹性。中温回火主要应用于各类弹簧、高强度的轴、轴套及热锻模具等工件的热处理。

3. 高温回火

高温回火温度在 500～650 ℃，高温回火后硬度大幅度降低，但可获得较高强度和韧性良好配合的综合机械性能。淬火后随即进行高温回火这一联合热处理操作，在生产中称为调质处理。机器中受力复杂、要求具有较高综合机械性能的零件，如齿轮、机床主轴、传动轴、曲轴、连杆等，均需进行调质处理。

2.2.5　表面热处理

钢的表面热处理就是专门对表层进行热处理强化的工艺过程，生产中应用较广的主要有表面淬火与化学热处理等。

1. 表面淬火

表面淬火是将钢件的表面层淬透到一定的深度，而心部仍保持未淬火状态的一种局部淬火的方法。表面淬火采用的快速加热方法有多种，如电感应、火焰、电接触、激光等加热法，目前应用最广的是电感应加热法。电感应加热法是利用工件在交变磁场中产生感应电流，将工件表面加热到所需的淬火温度，然后快速冷却的方法。

2. 化学热处理

将工件置于一定温度的活性介质中保温，使一种或几种元素渗入它的表层，以改变其化学成分、组织和性能的热处理工艺。然后经过适当的热处理，使工件达到预期性能的要求。

根据渗入元素的不同，化学热处理主要有渗碳、渗氮等。

渗碳是将钢件置于渗碳介质中加热并保温，使碳原子渗入表层的化学热处理工艺。渗碳用于低碳钢和低碳合金钢零件，如 20 钢、20Cr、20CrMnTi 等。渗碳后获得 0.5～2 mm 厚的高碳表层，再经淬火、低温回火，使表面具有高硬度、高耐磨性，而心部具有良好的塑性和韧度，使零件既耐磨又能有效地抗冲击。渗碳用于在摩擦冲击条件下工作的零件的表面热处理，如汽车齿轮、活塞销等。

渗氮是在一定温度下、一定介质中使氮原子渗入工件表层的化学热处理工艺。钢件渗氮后表面形成 0.1～0.6 mm 厚的氮化层，不需淬火就具有较高的硬度、耐磨性、抗疲劳性和一定的耐蚀性，而且变形很小。但渗氮处理时间长，成本高，目前主要用于 38CrMoAlA 钢制造的精密丝杠、高精密机床主轴等精密零件。

思考与练习

2.1 钢和铸铁的主要区别是什么?

2.2 实训车间的齿轮、轴、螺栓、钉子、手锯、手锤、游标卡尺是用什么材料制造出来的?

2.3 Q235、45、T10A、9SiCr、20Cr、W18Cr4V、QT600-02 等材料牌号的意义是什么?

2.4 什么是热处理?常用的热处理工艺有哪些?

2.5 什么是退火?什么是正火?两者有哪些异同点?各有什么不同的用途?

2.6 什么是淬火?如何保证淬火的质量,淬火后为什么要紧接着进行回火?

2.7 什么是回火?回火分哪几种,各有何特点?

2.8 表面处理的目的是什么?叙述表面淬火的特点。

第3章　铸　造

3.1　概　述

铸造是将金属熔炼成符合一定要求的液体并浇进铸型里，经冷却凝固、清整处理后得到有预定形状、尺寸和性能的铸件的工艺过程。用铸造方法得到的金属件称为铸件。铸造的方法很多，主要有砂型铸造、金属型铸造、压力铸造、离心铸造以及熔模铸造等，其中以砂型铸造应用最广泛。

砂型铸造是在砂型中生产铸件的铸造方法，钢、铁和大多数有色合金铸件都可用砂型铸造方法获得。砂型铸造的典型工艺过程包括模样和芯盒的制作、型砂和芯砂配制、造型制芯、合箱、熔炼金属、浇注、落砂、清理及检验。图 3.1 所示为套筒铸件的铸造生产工艺过程。

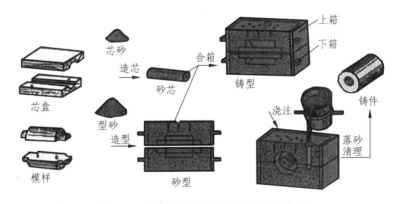

图 3.1　套筒铸件的铸造工艺过程示意图

3.2　砂型铸造

3.2.1　型　砂

制造砂型的材料称为造型材料，用于制造砂型的材料习惯上称为型砂，用于制造砂芯的造型材料称为芯砂。型砂是由原砂、粘结剂和水按一定比例混合而成，有时还加入少量如煤粉、植物油、木屑等附加物以提高型砂和芯砂的性能。紧实后的型砂结构如图 3.2 所示。

型砂的质量直接影响铸件的质量，型砂质量不好会使铸件产生气孔、砂眼、粘砂、夹砂等缺陷。良好的型砂必须具备下列性能：

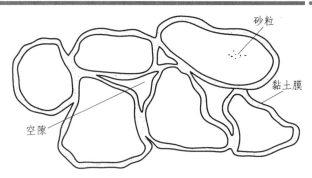

图 3.2　型砂结构示意图

（1）透气性，指型砂能让气体透过的能力。高温金属液浇入铸型后，型内充满大量气体，这些气体必须由铸型内顺利排出去，否则将会使铸件产生气孔、浇不足等缺陷。

（2）耐火性，指砂经受高温热作用的能力。耐火性差，铸件易产生粘砂缺陷。型砂中 SiO_2 含量越多，型砂颗粒越大，耐火性越好。

（3）强度，指型砂抵抗外力破坏的能力。型砂必须具备足够高的强度才能在造型、搬运、合箱过程中不引起塌陷，浇注时也不会破坏铸型表面。但型砂的强度过高，又会因透气性、退让性的下降而使铸件产生缺陷，因此，型砂的强度选择要适中。

（4）可塑性，指型砂在外力作用下变形，去除外力后能完整地保持已有形状的能力。可塑性好，造型操作方便，制成的砂型形状准确、轮廓清晰，也便于起模。

（5）退让性，指铸件在冷凝时，型砂可被压缩的能力。退让性差，铸件易产生内应力或开裂。型砂紧实会使其退让性变差。为了提高退让性，通常在型砂中加入木屑等附加物。

3.2.2　制造模样和芯盒

模样是形成铸型型腔的模具，芯盒是来制型芯以形成具有内腔的铸件。制造模样和芯盒常用的材料有木材、金属和塑料。在单件、小批量生产时广泛采用木质模样和芯盒，在大批量生产时多采用金属或塑料模样、芯盒。为了保证铸件质量，在设计和制造模样和芯盒时，必须先设计出铸造工艺图，然后根据工艺图的形状和大小，制造模样和芯盒。在设计工艺图时，要考虑的问题包括：分型面的选择、拔模斜度、加工余量、收缩量、铸造圆角和芯头等。有砂芯的砂型，必须在模样上做出相应的芯头。

图 3.3 所示为制造模样过程中的模样和零件图。

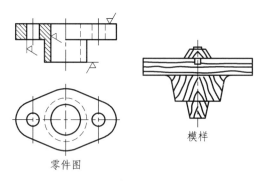

零件图　　　　模样

图 3.3　模样和零件图

3.2.3 造 型

用型砂及模样等工艺装备制造铸型的过程称为造型。造型的方法分为手工造型和机器造型两大类。手工造型操纵灵活，无论铸件结构复杂程度、尺寸大小如何，都能适应。因此，在单件小批生产中，特别是不能用机器造型的重型复杂铸件，常采用手工造型。但手工造型生产率低，铸件表面质量差，要求工人技术水平高，劳动强度大，随着现代化生产的发展，机器造型已代替了大部分的手工造型。机器造型不但生产率高，而且质量稳定，是成批大量生产铸件的主要方法。

1. 手工造型

手工造型的方法很多：按砂箱特征分，有两箱造型、三箱造型、地坑造型等；按外观特征分，有整模造型、分模造型、挖砂造型、假箱造型、活块造型和刮板造型等。常用的手工造型方法如下：

（1）整模造型。

当零件的最大截面在端部，并选它作分型面，将模样做成整体的造型方法称为整模造型。整模造型是铸造中最常用的一种手工造型方法。其特点是方便灵活、适应性强。由于模样是一个整体，只有一个分型面，整模造型的型腔全在一个砂箱里，能避免错箱等缺陷，且铸件的形状、尺寸精度较高，模样制造和造型较简单。整模造型多用于最大截面在端部、形状简单的铸件生产。

当零件的最大截面在模样一端且为平面，可选端部的最大截面作分型面，将模样做成整体。图 3.4 所示为盘类零件的两箱整模造型过程。

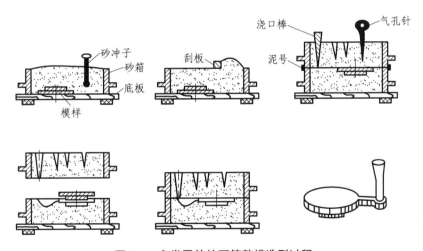

图 3.4　盘类零件的两箱整模造型过程

（2）分模造型。

当铸件不宜用整模造型时，通常采用分模造型。分模造型的特点是：模样是分开的，模样的分开面（称为分模面）必须是模样的最大截面，以利于起模；型型面与分模面相重合。分模造型过程与整模造型基本相似，不同的是造上型时增加放上模样和取上半模样两个操作。两箱分模造型主应用于某些没有平整表面、最大截面在模样中部的铸件，如套筒、管子和阀体等以及形状复杂的铸件。图 3.5 所示为套管的分模两箱造型过程。

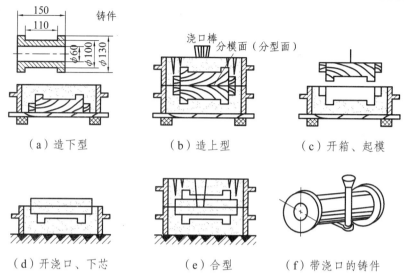

图 3.5　套筒的两箱分模造型过程

（3）挖砂造型。

当铸件按结构特点需要采用分模造型，但由于条件限制又需要做成整模时，为了便于起模，下型分型面需挖成曲面等不平分型面，这种方法叫作挖沙造型。图 3.6 所示为手轮的挖砂造型过程。

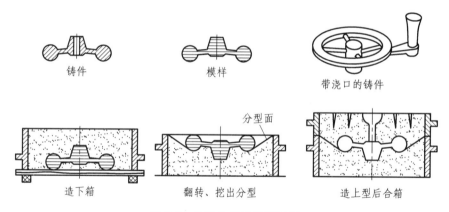

图 3.6　手轮的挖砂造型过程

（4）刮板造型。

刮板造型是利用和零件截面形状相适应的特制刮板代替模样进行造型的方法。造型时将刮板绕固定的中心轴旋转，在铸型中刮出所需的型腔。刮板造型能节省模样材料和模样加工时间，但操作费时，生产率较低，适用于单件或小批量生产大型旋转体的铸件，如大直径的皮带轮、大直径齿轮坯等。

（5）活块造型。

当零件侧面有小的凸起部分时，造型后将影响模样的取出。故模样制造时可将这部分做成活块，用销钉或燕尾槽的形式镶在模样上，这种造型方法称为活块造型。图 3.7 所示为活块造型过程。

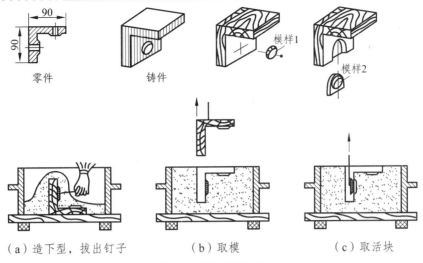

（a）造下型，拔出钉子　　　（b）取模　　　（c）取活块

图 3.7　活块造型过程

2. 机器造型

用机器全部完成或至少完成紧砂操作的造型方法称为机器造型。机器造型主要由填砂、紧砂、起模、修型等工序组成。与手工造型相比，机器造型具有生产率高、铸件质量较稳定、铸件精度和表面质量高、工人劳动强度低等优点。机器造型的特点之一是用模板造型。固定着模样、浇冒口的底板称为模板，模板上有定位销与专用砂箱的定位孔配合，模板用螺钉紧固在造型机工作台上，可随造型机上下震动。机器造型的特点之二是只通用于两箱造型，这是因为造型机无法造出中型，所以不能进行三箱造型。机器造型按紧实方式的不同分为：震压式造型、微震压实造型、射压式造型、抛砂造型等。

3.2.4　制造砂芯

为了获得铸件的内腔或局部外形，用芯砂或其他材料制成的、安放在型腔内部的铸型组件称为型芯。绝大部分型芯是用芯砂制成的。砂芯的作用是形成铸件的内腔，砂芯的质量主要依靠配制合格的芯砂及采用正确的造芯工艺来保证。砂芯是用芯盒制造而成的，其工艺过程和造型过程相似，如图 3.8 所示。做好的砂芯，用前必须烘干。

（a）检查芯盒是否配对　（b）夹紧两半芯盒，分次　（c）插入刷有泥浆水的芯骨，
　　　　　　　　　　　　　　　加入芯砂，分层捣紧　　　　其位置要适中

（d）继续填砂捣紧，刮平，用　（e）松开夹子，轻敲芯盒，　（f）取出砂芯，上涂料
　　　通气针孔扎出通气孔　　　　使砂芯从芯盒内壁松开

图 3.8　用垂直分开芯盒造芯过程

3.2.5　浇注系统

浇注系统是为将液态金属引入铸型型腔而在铸型内开设的一系列通道。其作用主要是：控制金属液充填铸型的速度及充满铸型所需的时间；使金属液平稳地进入铸型，避免紊流和对铸型的冲涮；阻止熔渣和其他夹杂物进入型腔；浇注时不卷入气体，并尽可能使铸件冷却时符合顺序凝固的原则。

典型的浇注系统包括外浇口、直浇道、横浇道、内浇道和冒口，如图 3.9 所示。

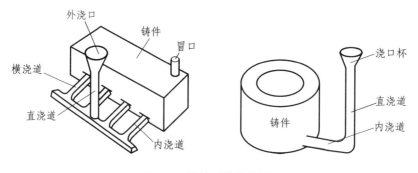

图 3.9　浇注系统结构图

1. 外浇口

承接浇包倒进来的金属液，也称浇口杯，一般呈池形或漏斗形，其作用是减轻金属液流的冲击，使金属平稳地流入直浇道。

2. 直浇道

呈圆锥形的垂直通道，连接外浇道和横浇道，将金属液由铸型外面引入铸型内部，其作用是使液体金属产生一定的静压力，并引导金属液迅速充填型腔。

3. 横浇道

断面呈梯形的水平通道，位于内浇道的上面，连接直浇道，分配由直浇道来的金属液流，其作用是挡渣及分配金属液进入内浇道简单的小铸件，横浇道有时可省去。

4. 内浇道

连接横浇道，向铸型型腔灌输金属液，其作用是控制金属液流入型腔的方向和速度。

5. 冒 口

冒口是为了保证铸件质量而增设的，其作用是排气、浮渣和补缩，防止了缩孔与缩松。对厚薄相差大的铸件，都要在厚大部分的上方适当开设冒口。

3.2.6 合 型

将上型、下型、型芯、浇口盆（外浇口）等组合成一个完整铸型的操作过程称为合型。合型是制造铸型的最后一道工序，对铸件质量的影响较为关键。即使铸型和型芯具有较好的质量，但如果合型操作不当，也会引起气孔、砂眼、错箱、偏芯等缺陷。合型的具体操作过程包括：

1. 下 芯

下芯的次序应根据操作上的方便和工艺上的要求进行。砂芯多用芯头固定在砂型里，下芯后要检验砂芯的位置是否准确、是否松动。要通过填塞芯头间隙使砂芯位置稳固。根据需要也可用芯撑来辅助支撑砂芯。

2. 合 型

合型前要检查型腔内和砂芯表面的浮砂和脏物是否清除干净，各出气孔、浇注系统各部分是否畅通和干净，然后再合型。合型时上型要垂直抬起，找正位置后垂直下落按原有的定位方法准确合型。

3. 铸型的紧固

为避免由于金属液作用于上砂箱引发的抬箱力而造成的缺陷，装配好的铸型需要紧固，小型铸件的抬型力不大，可使用压铁压牢。中、大型铸件的抬型力较大，可用螺栓或箱卡固定。

3.3 铸件常见缺陷分析

在实际生产中，常需对铸件缺陷进行分析，其目的是找出产生缺陷原因，以便采取措施加以防止。铸件的缺陷很多，常见的铸件缺陷名称、特征及产生的主要原因如表 3.1 所示。

表 3.1 常见的铸件缺陷及产生原因

缺陷名称	缺陷示意图	特 征	产生的主要原因
气孔	气孔	在铸件内部或表面有大小不等的光滑孔洞	① 炉料不干或含氧化物、杂质多； ② 浇注工具或添加剂未烘干； ③ 型砂含水过多或起模和修型时刷水过多； ④ 型芯烘干不充分或型芯通气孔被堵塞； ⑤ 舂砂过紧，型砂透气性差； ⑥ 浇注温度过低或浇注速度太快等

续表 3.1

缺陷名称	缺陷示意图	特　　征	产生的主要原因
缩孔与缩松	缩孔　缩松	缩孔与缩松多分布在铸件厚断面处，形状不规则，其内部较为粗糙	① 铸件结构设计不合理，如壁厚相差过大，厚壁处未放冒口或冷铁； ② 浇注系统和冒口的位置不对； ③ 浇注温度太高； ④ 合金化学成分不合格，收缩率过大，冒口太小或太少
砂眼	砂眼	在铸件内部或表面有型砂充塞的孔眼	① 型砂强度太低或砂型和型芯的紧实度不够，故型砂被金属液冲入型腔； ② 合箱时砂型局部损坏； ③ 浇注系统不合理，内浇道方向不对，金属液冲坏了砂型； ④ 合箱时型腔或浇道内散砂未清理干净
粘砂	粘砂	铸件表面粗糙，粘有一层砂粒	① 原砂耐火度低或颗粒度太大； ② 型砂含泥量过高，耐火度下降； ③ 浇注温度太高； ④ 湿型铸造时型砂中煤粉含量太少； ⑤ 干型铸造时铸型未刷涂料或涂料太薄
夹砂	夹砂　金属片状物	铸件表面产生的金属片状突起物，在金属片状突起物与铸件之间夹有一层型砂	① 型砂热湿拉强度低，型腔表面受热烘烤而膨胀开裂； ② 砂型局部紧实度过高，水分过多，水分烘干后型腔表面开裂； ③ 浇注位置选择不当，型腔表面长时间受高温金属液烘烤而膨胀开裂； ④ 浇注温度过高，浇注速度太慢
错型	错型	铸件沿分型面有相对位置错移	① 模样的上半模和下半模未对准； ② 合箱时，上下砂箱错位； ③ 上下砂箱未夹紧或上箱未加足够压铁，浇注时产生错箱
冷隔	冷隔	铸件上有未完全融合的缝隙或洼坑，其交接处是圆滑的	① 浇注温度太低，合金流动性差； ② 浇注速度太慢或浇注中有断流； ③ 浇注系统位置开设不当或内浇道横截面积太小； ④ 铸件壁太薄； ⑤ 直浇道（含浇口杯）高度不够； ⑥ 浇注时金属液不够，型腔未充满
浇不足	浇不足	铸件未被浇满	
裂纹	裂纹	铸件开裂，开裂处金属表面有氧化膜	① 铸件结构设计不合理，壁厚相差太大，冷却不均匀； ② 砂型和型芯的退让性差，或舂砂过紧； ③ 落砂过早； ④ 浇口位置不当，致使铸件各部分收缩不均匀

思考与练习

3.1 什么是砂型铸造？它的主要特点是什么？

3.2 在设计工艺图时，要考虑哪些问题？

3.3 什么叫作分型面？选择分型面时必须注意什么问题？

3.4 零件图的形状和尺寸与铸件模样的形状和尺寸是否完全一样？为什么？

3.5 型砂主要由哪些材料组成？它应具备哪些性能？

3.6 手工造型有哪几种基本方法？各种造型方法的特点如何？

3.7 浇注系统由哪些部分组成？其主要作用是什么？

3.8 说明气孔、夹砂、裂纹这三种缺陷的特征及其产生的主要原因。

第4章 锻 压

锻压是锻造和冲压的合称，是利用锻压机械的锤头、砧块、冲头或通过模具对坯料施加压力，使之产生塑性变形，从而获得所需形状、尺寸和内部组织的制件的成型加工方法。

4.1 锻 造

锻造是一种利用锻压机械设备对金属坯料施加压力，使其产生塑性变形以获得具有一定机械性能、形状和尺寸锻件的加工方法，是锻压的两大组成部分之一。通过锻造能消除金属在冶炼过程中产生的铸态疏松等缺陷，优化微观组织结构，同时由于保存了完整的金属流线，锻件的机械性能一般优于同样材料的铸件。所以重要的机器零件和工具部件，如车床主轴、高速齿轮、曲轴、连杆、锻模和刀杆等大都采用锻造制坯。锻造的工艺方法主要有自由锻、模锻和胎模锻。

4.1.1 自由锻

自由锻造是利用冲击力或压力使金属在上下砧面间各个方向自由变形，不受任何限制而获得所需形状及尺寸和一定机械性能的锻件的一种加工方法，简称自由锻。

1. 锻件的加热

锻件进行自由锻时，首先要对锻件加热，这是因为金属材料在一定温度范围内，随温度的上升其塑性会提高，变形抗力会下降，用较小的变形力就能使坯料稳定地改变形状而不出现破裂。

锻造中锻件温度参数主要有始锻温度与终锻温度。允许加热达到的最高温度称为始锻温度，停止锻造的温度称为终锻温度。由于化学成分的不同，每种金属材料始锻温度和终锻温度都是不一样的。

加热锻件的设备主要是加热炉。加热炉的使用燃料一般为焦炭、重油等，有的加热炉也采用电能加热，典型的电能加热设备是高效节能红外箱式炉。

2. 空气锤

自由锻设备有空气锤和液压机等，空气锤一般适合小型锻件的制造，而液压机则适用于大型锻件的生产。

空气锤是由锤身、压缩缸、工作缸、传动机构、操纵机构、落下部分及砧座等组成，如图4.1所示。

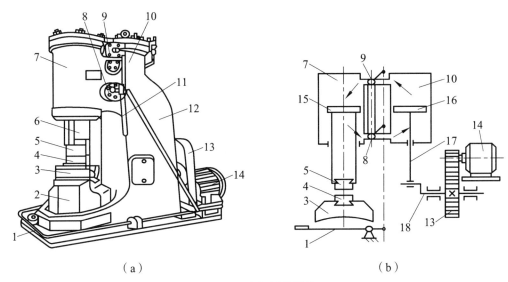

（a）　　　　　　　　　　　　　（b）

图 4.1　空气锤的结构

1—脚踏杆；2—砧座；3—砧垫；4—下砧；5—上砧；6—锤杆；7—工作缸；
8—下旋阀；9—上旋阀；10—压缩气缸；11—手柄；12—锤身；
13—减速器；14—电动机；15—工作活塞；
16—压缩活塞；17—连杆；18—曲柄

空气锤的工作原理是：电动机通过减速机构和曲柄，连杆带动压缩气缸的压缩活塞上下运动，产生压缩空气。当压缩缸的上下气道与大气相通时，压缩空气不进入工作缸，电机空转，锤头不工作，通过手柄或脚踏杆操纵上下旋阀，使压缩空气进入工作气缸的上部或下部，推动工作活塞上下运动，从而带动锤头及上砧铁的上升或下降，完成各种打击动作。旋阀与两个气缸之间有四种连通方式，可以产生提锤、连打、下压、空转四种动作。

3. 自由锻的基本工序

自由锻造时，锻件的形状是通过一些基本变形工序将坯料逐步锻成的。自由锻造的基本工序是指锻造过程中使金属产生塑性变形，从而达到锻件所需形状和尺寸的工艺过程，包括镦粗、拔长、冲孔、弯曲、扭转和切割等。

（1）镦粗，是对原坯料沿轴向锻打，使其高度减低、横截面增大的操作过程。镦粗分为完全镦粗、端部镦粗和中间镦粗等，如图 4.2 所示。

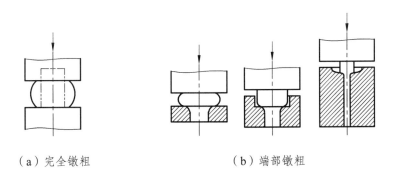

（a）完全镦粗　　　　　　　　　　（b）端部镦粗

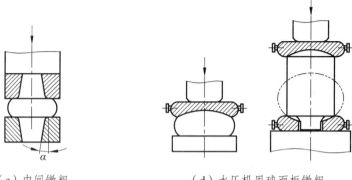

（c）中间镦粗　　　　　　　（d）水压机用球面板镦粗

图 4.2　镦粗

镦粗时应注意下列几点：

① 镦粗部分的长度与直径之比应 <2.5，否则容易镦弯。

② 坯料端面要平整且与轴线垂直，锻打用力要正，否则容易锻歪。

③ 镦粗力要足够大，否则会形成细腰形或夹层。

（2）拔长，是使坯料横断面积减小、长度增加的锻造工序。拔长常用于锻造杆、轴类零件。拔长的方法主要有如下两种：

① 在平砧上拔长。图 4.3（a）所示为在锻锤上下砧间拔长的示意图。高度为 H（或直径为 D）的坯料由右向左送进，每次送进量为 L。为了使锻件表面平整，L 应小于砧宽 B，一般 $L \leqslant 0.75B$。对于重要锻件，为了整个坯料产生均匀的塑性变形，L/H（或 L/D）应在 0.4 ~ 0.8 范围内。

② 在芯棒上拔长。图 4.3（b）所示为在芯棒上拔长空心坯料的示意图。锻造时，先把芯棒插入冲好孔的坯料中，然后当作实心坯料进行拔长。拔长时，一般不是一次拔成，先将坯料拔成六角形，锻到所需长度后，再倒角滚圆，取出芯棒。为便于取出芯棒，芯棒的工作部分应有 1：100 左右的斜度。这种拔长方法可使空心坯料的长度增加，壁厚减小，而内径不变，常用于锻造套筒类长空心锻件。

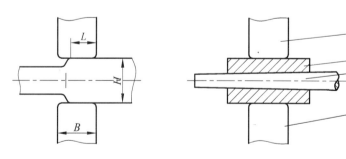

（a）在锻锤上下砧间拔长　　　　　（b）在芯棒上拔长空心坯料

图 4.3　拔长

1—上砧；2—坯料；3—芯棒；4—下砧

（3）冲孔，是用冲子在坯料上冲出通孔或不通孔的锻造工序。冲孔过程如图 4.4 所示。

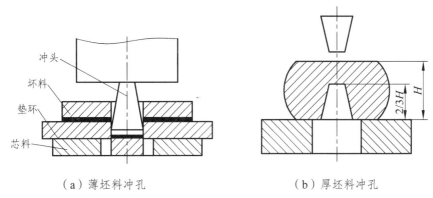

（a）薄坯料冲孔 　　　　　　　　（b）厚坯料冲孔

图 4.4　单面冲孔示意图

（4）弯曲，是使坯料弯曲成一定角度或形状的锻造工序，如图 4.5 所示。

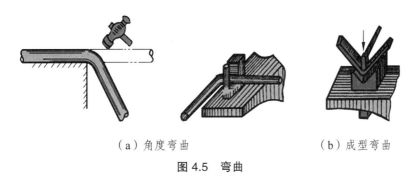

（a）角度弯曲 　　　　　　　　（b）成型弯曲

图 4.5　弯曲

（5）扭转，是使坯料的一部分相对另一部分旋转一定角度的锻造工序，如图 4.6 所示。

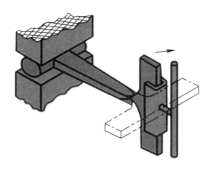

图 4.6　扭转

（6）切割，是分割坯料或切除料头的锻造工序。

4. 锻件的锻造过程示例

锻件往往是经若干个工序锻造而成的，在锻造前要根据锻件形状、尺寸大小及坯料形状等具体情况，合理选择基本工序和确定锻造工艺过程。表 4.1 所列为六角螺母的锻造工艺过程，其主要工序是镦粗和冲孔。

表 4.1　螺母的锻造过程

序号	火次	操作工序	简 图	工 具	备 注
1		下料		錾子或剪床	按锻件图尺寸,考虑料头烧损,计算坯料尺寸,并使 $H_0/d_0<2.5$
2	1	镦粗		尖口钳	—
3	2	冲孔		尖口钳,圆钩钳,冲子	—
4	3	锻六角		芯棒	用心棒插入孔中,锻好一面转 60° 锻第二面,再转 60° 即锻好
5	3	罩圆倒角		尖口钳,罩圆凹模	—
6	3	修整		芯棒,平锤	修整温度可略低于 800 °C

4.1.2　模　锻

模锻全称为模型锻造,将加热后的坯料放置在固定于模锻设备上的锻模内锻造成型的。

模锻可以在多种设备上进行。在工业生产中,锤上模锻大都采用蒸汽-空气锤,吨位为 0.5~30 t(5~300 kN)。压力机上的模锻常用热模锻压力机,吨位为 2 500~6 300 t。

模锻的锻模结构有单模堂锻模和多模腔锻模。图 4.7 所示为单模堂锻模。

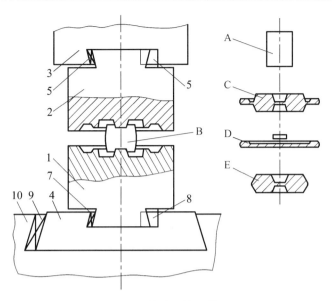

图 4.7　单模膛锻模及其固定

1—下模；2—上模；3—锤头；4—模座；5—上模用楔；6—上模用键；
7—下模用楔；8—下模用键；9—模座楔；10—砧座；A—坯料；
B—变形；C—带飞边的锻件；D—切下的飞边；E—锻件

4.1.3　胎模锻

胎模锻是在自由锻设备上使用胎模生产模锻件的工艺方法。胎模锻一般采用自由锻方法制坯，然后在胎模中成型。

胎模的种类较多，主要有扣模、筒模及合模三种。

1. 扣　　模

如图 4.8（a）所示，扣模用来对坯料进行全部或局部扣型，生产长杆非回转体锻件；也可以为合模锻造进行制坯。用扣模锻造时，坯料不转动。

2. 筒　　模

如图 4.8（b）、（c）所示，筒模主要用于锻造齿轮、法兰盘等盘类锻件。如果是组合筒模，采用两个半模（增加一个分模面）的结构，可锻出形状更复杂的胎模锻件，能扩大胎模锻的应用范围。

3. 合　　模

如图 4.8（d）所示，合模由上模和下模组成，并有导向结构，可生产形状复杂、精度较高的非回转体锻件。

由于胎模结构较简单，可提高锻件的精度，不需昂贵的模锻设备，故扩大了自由锻生产的范围。

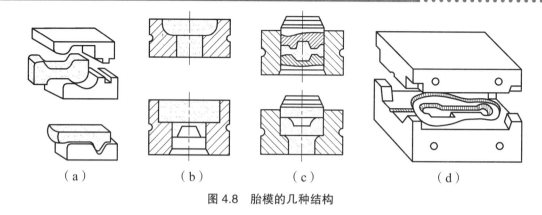

（a）　　　　　　（b）　　　　　　（c）　　　　　　（d）

图 4.8　胎模的几种结构

4.2　冲　压

　　冲压是利用冲模在压力机上使板料分离或变形，从而获得冲压件的加工方法。冲压的坯料厚度一般小于 4 mm，通常在常温下冲压，故又称为冷冲压。常用的坯料为低碳钢、不锈钢、铝、铜及其合金等，它们塑性高，变形抗力低，适合于冷冲压加工。

　　冲压易实现机械化和自动化，生产效率高；冲压件尺寸精确，互换性好；表面光洁，无须机械加工；广泛用于汽车、电器、日用品、仪表和航空等制造业中。

4.2.1　冲床结构及其工作原理

　　冲床是压力机的一种，通常用于冲模上的板料冲压。冲床的种类很多，主要有单柱冲床、双柱冲床、双动冲床等。图 4.9 所示为单柱冲床外形及传动示意图。电动机 5 带动飞轮 4 通过离合器 3 与曲轴 2 相接，飞轮 4 可在曲轴上自由转动。曲轴的另一端则通过连杆 8 与滑块 7 连接。工作时，踩下脚踏板 6 离合器将使飞轮带动曲轴转动，滑块做上下运动。放松踏板，离合器脱开，制动闸 1 立即停止曲轴转动，滑块停留在待工作位置。

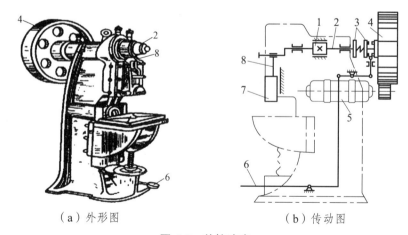

（a）外形图　　　　　　　　（b）传动图

图 4.9　单柱冲床

1—制动闸；2—曲轴；3—离合器；4—飞轮；5—电动机；6—踏板；7—滑块；8—连杆

4.2.2　冲模及冲压基本工序

1．冲　模

冲模是板料冲压时使板料产生分离或变形的工具。冲模通过冲床加压将金属或非金属板材或型材分离、成型或接合而得到所需制件，它由上模和下模两部分组成。上模的模柄固定在冲床的滑块上，随滑块上下运动；下模则固定在冲床的工作台上。

冲头和凹模是冲模中使坯料变形或分离的工作部分，用压板分别固定在上模板和下模板上。上、下模板分别装有导套和导柱，以引导冲头和凹模对准。而导板和定位销则分别用以控制坯料送进方向和送进长度。卸料板的作用是在冲压后使工件或坯料从冲头上脱出。

冲模一般可分为简单模、连续模和复合模三种。其中简单模的应用较为广泛，在新产品试制和小批量生产冲压件中，现已普遍采用了简单模。这种冲模不仅结构简单，而且具有制造方便、成本低廉的特点，并能满足一定的加工质量要求。

简单冲模是在冲床的一次冲程中只完成一个工序的冲模。图 4.10 即是落料或冲孔用的典型简单冲模。工作时条料在凹模上沿两个导板 9 之间送进，凸模向下冲压时，冲下的零件（或废料）进入凹模孔，而条料则夹住凸模并随凸模一起回程向上运动。条料碰到卸料板 8 时（固定在凹模上）被推下，这样，条料继续在导板间送进。重复上述动作，冲下第二个零件。

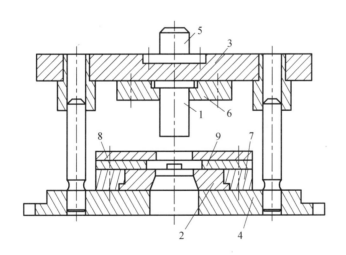

图 4.10　典型简单冲模

1—凸模；2—凹模；3—上模板；4—下模板；5—模柄；
6，7—压板；8—卸料板；9—导板

2．冲压基本工艺

冲压的主要基本工序有落料、冲孔、弯曲和拉深。

（1）落料和冲孔。

落料和冲孔是使坯料分离的工序，如图 4.11 所示。

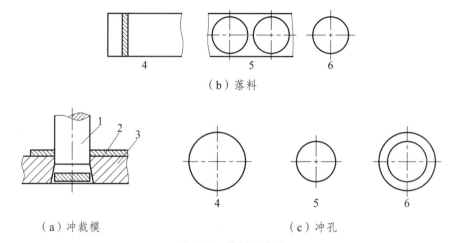

（b）落料

（a）冲裁模　　　　　　　　　　　　　　　　　　　（c）冲孔

图 4.11　落料及冲孔

1—凹模；2—坯料；3—冲头；4—坯料；5—余料；6—产品

落料和冲孔的过程完全一样，只是用途不同。落料时，被分离的部分是成品，剩下的周边是废料；冲孔则是为了获得孔，被冲孔的板料是成品，而被分离部分是废料。落料和冲孔统称为冲裁。冲裁模的冲头和凹模都具有锋利的刃口，在冲头和凹模之间有相当于板厚5%～10%的间隙，以保证切口整齐而减少毛刺。

（2）弯曲。

弯曲就是使工件获得各种不同形状的弯角。弯曲模上使工件弯曲的工作部分要有适当的圆角半径 r，以避免工件弯曲时开裂，如图 4.12 所示。

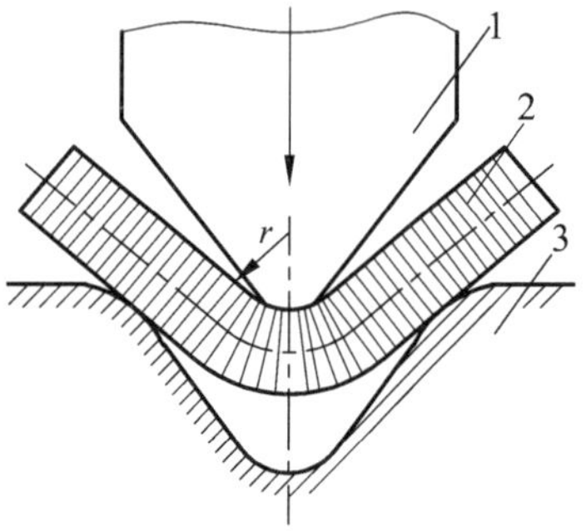

（3）拉深。

拉深是将平板坯料制成杯形或盒形件的加工过程。拉深模的冲头和凹模边缘应做成圆角，以避免工件被拉裂。冲头与凹模之间要有比板料厚度稍大一点的间隙（一般为板厚的 1.1～1.2 倍），以便减少摩擦力。为了防止褶皱，坯料边缘需用压板（压边圈）压紧，如图 4.13 所示。

图 4.12　弯曲

1—冲头；2—工件；3—下模

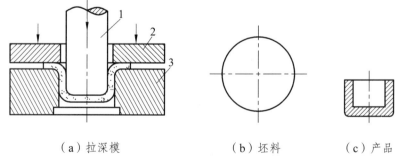

（a）拉深模　　　　　　　　（b）坯料　　　　　　　　（c）产品

图 4.13　拉深

1—冲头；2—压边圈；3—下模

思考与练习

4.1 锻造加工有哪些特点？锻造毛坯与铸造毛坯相比，其内部组织、力学性能有何不同？

4.2 自由锻的基本工序有哪些？

4.3 镦粗应注意什么？镦粗时对坯料的高径比有何限制？为什么？

4.4 试从设备、模具、锻件精度、生产效率等方面分析比较自由锻、模锻和胎模锻之间的不同之处。

4.5 试述冲床的工作原理。

4.6 冲模有哪几类？简单冲模包括哪些部分？其功能是什么？

4.7 冲压基本工序包括哪些？其作用是什么？

第5章 焊 接

焊接是一种通过对金属加热或加热、加压同时进行，使其达到熔化或半熔化状态而把金属连接在一起的工艺方法。在现代机械制造工业中，焊接广泛应用于金属结构件的生产。例如桥梁、船体、车厢、房架、容器等，都可采用钢材焊接而成。焊接方法的种类很多，常见的有焊条电弧焊、气体保护焊和气焊等。

5.1 焊条电弧焊

5.1.1 焊接过程

焊条电弧焊通常又称为手工电弧焊，是指用手工操作焊条进行焊接的电弧焊方法。电弧焊是指利用电弧作为热源的熔焊方法。焊条电弧焊是目前生产中应用最多、最普遍的一种金属焊接方法。如图 5.1 所示，焊接时电源的一极接工件，另一极与焊条相接。工件和焊条之间的空间在外电场的作用下，产生电弧。

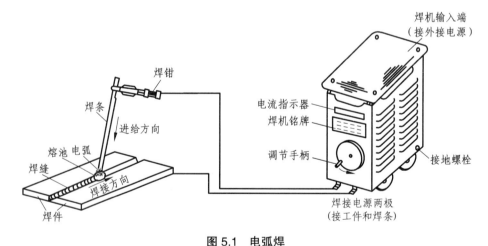

图 5.1 电弧焊

5.1.2 设备与工具

焊条电弧焊的电源设备，一般包括交流弧焊机和直流弧焊机。

1. 交流弧焊机

交流弧焊机是一种特殊的降压变压器，它把网路电压的交流电变成适宜于弧焊的低压交流电，由主变压器及所需的调节部分和指示装置等组成。交流弧焊机具有结构简单、易造易修、成本低、效率高等优点，但电弧稳定性较差。BX1-330 型弧焊机是目前用得较广的一种交流弧焊机，其外形如图 5.2 所示。

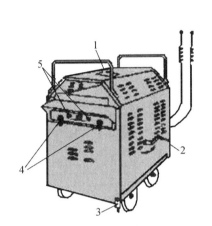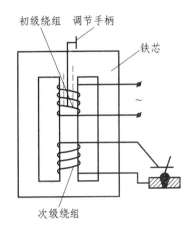

图 5.2　BX1-330 交流弧焊机

1—电流指示盘；2—调节手柄（细调电流）；3—接地螺钉；
4—焊接电源两极（接工件和焊条）；
5—线圈抽头（粗调电流）

2. 直流弧焊机

直流弧焊机的输出端有正、负极之分，焊接时电弧两端的极性不变。因此，直流堆焊机的输出端有两种不同的接线方法，如图 5.3 所示：正接，即焊件接弧焊机的正极，焊条接其负极；反接，即焊件接弧焊机的负极，焊条接其正极。正接用于较厚或高熔点金属的焊接，反接用于较薄或低熔点金属的焊接。

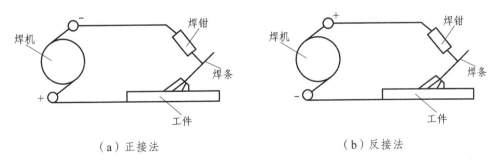

（a）正接法　　　　　　　　　　（b）反接法

图 5.3　直流弧焊机的不同极性接法

5.1.3　电焊条的分类与保管

1. 电焊条的分类、组成和作用

焊条由焊条芯和药皮组成，如图 5.4 所示。焊条芯的作用之一是作为电极导电，同时它也是形成焊缝金属的主要材料。因此，焊条芯的质量直接影响焊缝的性能，其材料都是特制的优质钢。药皮是压涂在焊条芯表面上的涂料层，焊接时形成熔渣及气体，药皮对焊接质量的好坏同样起着重要的作用。

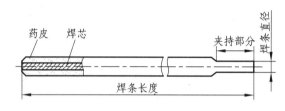

图 5.4　电焊条

2. 电焊条的牌号与保管

常用酸性焊条牌号有 J422、J502 等，碱性焊条牌号有 J427、J506 等。牌号中的"J"表示结构钢焊条，牌号中三位数字的前两位"42"或"50"表示焊缝金属的抗拉强度等级，分别为 420 MPa（42 kgf/mm）或 500 MPa（50 kgf/mm）；最后一位数表示药皮类型和焊接电源种类，1~5 为酸性焊条，使用交流或直流电源均可；6~7 为碱性焊条；只能用直流电源。

电焊条应保存在干燥的地方，避免受潮。特别是碱性焊条，每次使用前都要经烘干处理后才能使用。

5.1.4　焊接接头与坡口

1. 接头形式

在焊接前，应根据焊接部位的形状、尺寸、受力的不同，选择合适的接头类型。如图 5.5 所示，焊接接头的基本类型主要有五种，即对接接头、T 形（十字）接头、搭接接头、角接接头和端接接头，端接接头仅在薄板焊接时采用。

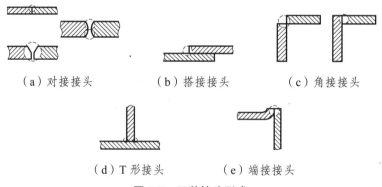

（a）对接接头　　（b）搭接接头　　（c）角接接头

（d）T 形接头　　（e）端接接头

图 5.5　五种接头形式

2. 坡口形式

对接接头是采用最多的一种接头形式，这种接头常见的坡口形式有：I 形坡口、Y 形坡口、双 Y 形坡口、U 形坡口、双 U 形坡口等，如图 5.6 所示。

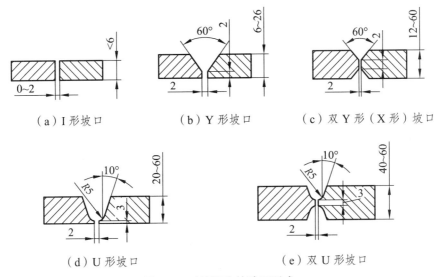

（a）I 形坡口　　　（b）Y 形坡口　　　（c）双 Y 形（X 形）坡口

（d）U 形坡口　　　　　　（e）双 U 形坡口

图 5.6　对接接头的坡口形式

5.1.5　焊条电弧焊的工艺参数

1. 焊接工艺参数的选择

焊接工艺参数是为获得质量优良的焊接接头而选定的物理量的总称。工艺参数主要有焊接电流、焊条直径、焊接速度等。工艺参数选择得是否合理，对焊接质量和生产率都有很大影响，其中焊接电流的影响最为关键。

（1）焊接电流。

焊接电流的大小主要根据焊条直径来确定。焊接电流太小，焊接生产率较低，电弧不稳定，还可能焊不透工件。焊接电流太大，则会引起熔化金属的严重飞溅，甚至烧穿工件。

（2）焊条直径。

焊条直径应根据钢板厚度、接头形式、焊接位置等来选择。在立焊、横焊和仰焊时，焊条直径不得超过 4 mm，以免熔池过大，使熔化金属和熔渣下流。平板对接时焊条直径的选择可参考表 5.1。

表 5.1　平板对接时焊条直径与板厚的关系

焊件厚度/mm	< 4	4～8	9～12	> 12
焊条直径/mm	≤板厚	3.2～4	4～5	5～6

（3）焊接速度。

焊接速度是指单位时间所完成的焊缝长度。它对焊缝质量影响也很大。焊接速度由焊工凭经验掌握，在保证焊透和焊缝质量的前提下，应尽量快速施焊。工件越薄，焊速应越高。

2. 焊缝层数

焊缝层数视焊件厚度而定。中、厚板一般都采用多层焊。焊缝层数多些，有利于提高焊缝金属的塑性、韧性，但层数增加，焊件变形倾向亦增加，应综合考虑后确定。对质量要求较高的焊缝，每层厚度最好不超过 4~5 mm。图 5.7 所示为多层焊的焊缝，其焊接顺序按照图中的序号 1~4 进行焊接。

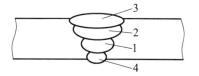

图 5.7　多层焊的焊缝和焊接顺序

3. 焊缝的空间位置

依据焊缝在空间的位置不同，有平焊、立焊、横焊和仰焊四种，如图 5.8 所示。

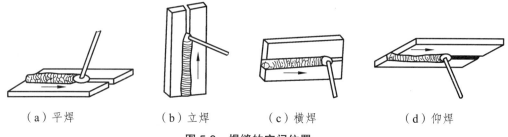

（a）平焊　　　（b）立焊　　　（c）横焊　　　（d）仰焊

图 5.8　焊缝的空间位置

5.1.6　焊条电弧焊的基本操作技术

焊条电弧焊是在面罩下观察和进行操作的。由于视野不清，工作条件较差。因此，要保证焊接质量，不仅要求有较为熟练的操作技术，还应注意力高度集中。

1. 引　弧

焊接前，应把工件接头两侧 20 mm 范围内的表面清理干净（消除铁锈、油污、水分），并使焊条芯的端部金属外露，以便进行短路引弧。引弧方法如图 5.9 所示，有敲击法和摩擦法两种。其中，摩擦法比较容易掌握，适用于初学者引弧操作。

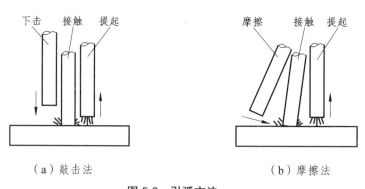

（a）敲击法　　　　　　　　　　（b）摩擦法

图 5.9　引弧方法

引弧时，应先接通电源，把电焊机调至所需的焊接电流。然后把焊条端部与工件接触短路，并立即提起 2~4 mm 的距离，就能使电弧引燃。如果焊条提起的距离超过 5 mm，电弧就会立即熄灭。如果焊条与工件接触时间太长，焊条就会粘牢在工件上。这时，可将焊条左右摆动，就能与工件拉开，然后再重新进行引弧。

2. 运 条

运条是焊接过程中最重要的环节，它直接影响焊缝的外表成型和内在质量。电弧引燃后，一般情况下焊条有三个基本运动：朝熔池方向逐渐送进、沿焊接方向逐渐移动、横向摆动，如图 5.10（a）所示。

焊条朝熔池方向逐渐送进——既是为了向熔池添加金属，也是为了在焊条熔化后继续保持一定的电弧长度，因此，焊条送进的速度应与焊条熔化的速度相同。否则，会发生断弧或粘在焊件上。

焊条沿焊接方向移动——随着焊条的不断熔化，逐渐形成一条焊道。若焊条移动速度太慢，则焊道会过高、过宽、外形不整齐，焊接薄板时会发生烧穿现象；若焊条的移动速度太快，则焊条与焊件会熔化不均匀，焊道较窄，甚至发生未焊透现象。焊条移动时应与前进方向成70°～80°的夹角，以使熔化金属和熔渣推向后方，如图 5.10（b）所示。否则熔渣流向电弧的前方，会造成夹渣等缺陷。

焊条的横向摆动——作用是为获得一定宽度的焊缝，并保证焊缝两侧熔合良好。其摆动幅度应根据焊缝宽度与焊条直径来确定。横向摆动力要求均匀一致，才能获得所要求的焊缝。正常的焊缝宽度一般不超过焊条直径的 2～5 倍。

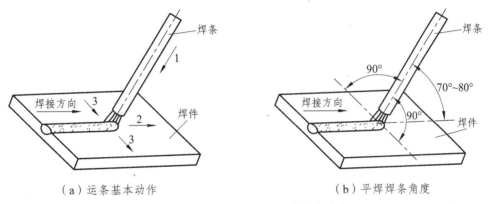

（a）运条基本动作　　　　　（b）平焊焊条角度

图 5.10　平焊焊条角度和运条基本动作

3. 焊缝收尾

焊缝收尾时，为了不出现尾坑，焊条应停止向前移动，而采用划圈收尾法或反复断弧法自下而上地慢慢拉断电弧，以保证焊缝尾部成型良好。

5.2　气焊焊接

5.2.1　气　焊

气焊是利用可燃气体与助燃气体混合燃烧产生的高温作为热源的一种焊接方法，最常用的为氧-乙炔焊，如图 5.11 所示。火焰一方面把工件接头的表层金属熔化，同时把金属焊丝熔入接头的空隙中，形成金属熔池。当焊炬向前移动，熔池金属随即凝固成为焊缝，使工件的两部分牢固地连接成为一体。

气焊的温度比较低，热量分散，加热较慢，生产率低，焊件变形较严重。但火焰易控制，操作简单，灵活，气焊设备不用电源，并便于某些工件的焊前预热。因此，气焊仍得到较广泛的应用。一般用于厚度在 3 mm 以下的低碳钢薄板及管件的焊接，铜、铝等有色金属的焊接及铸铁件的焊接等。

气焊的设备及其连接如图 5.12 所示。

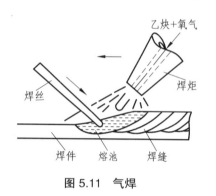

图 5.11　气焊　　　　　　图 5.12　气焊设备及其连接

1. 氧气瓶

氧气瓶是运送和储存高压氧气的容器，其容积为 40 L，最高压力为 15 MPa。

2. 乙炔瓶

乙炔瓶是储存和运送乙炔的容器，国内最常用的乙炔瓶公称容积为 40 L，工作压力为 1.5 MPa。其外形与氧气瓶相似，外表漆成白色，并用红漆写有"乙炔"、"不可近火"等字样。

3. 减压器

减压器是将高压气体降为低压气体的调节装置，不仅能将气瓶内的压力降为气焊所需的工作压力（氧气压力一般为 0.2～0.4 MPa，乙炔压力最高不超过 0.15 MPa），而且能维持输出气体压力不变。

4. 回火保险器

回火保险器的作用是截住回火气流，保证乙炔发生器的安全。当正常气焊时，火焰在焊炬的焊嘴外面燃烧，但当气体供应不足、焊嘴阻塞、焊嘴太热或焊嘴离焊件太近时，火焰会沿乙炔管路往回燃烧。这种火焰进入喷嘴内逆向燃烧的现象称为回火。如果回火气流蔓延到乙炔瓶，就可能引起爆炸事故。

5. 焊　炬

焊炬又称焊枪，是气焊操作的主要工具。焊炬的作用是将可燃气体和氧气按一定比例均匀地混合，以一定的速度从焊嘴喷出，形成一定能率、一定成分、适合焊接要求和稳定燃烧的火焰。

5.2.2　气焊工艺参数及操作要领

1. 气焊工艺参数

气焊的工艺参数主要有接头形式和坡口形式、火焰种类、火焰能率、焊接方向、焊嘴倾角和焊丝直径等。

（1）接头形式和坡口形式。

气焊常用的接头形式主要为对接、角接和卷边接头。由于气焊适用于焊接较薄的工件，因此其坡口形式多为 I 形和 V 形。

（2）火焰种类。

气焊时，应更根据不同的钢种，采用不同种类的火焰。按氧气与乙炔的混合比例不同，气焊火焰可分为碳化焰、中性焰和氧气焰三种。

（3）火焰能率。

气焊的火焰能率主要取决于焊炬型号及焊嘴号的大小。生产中应根据焊件的厚度来选择焊炬型号及焊嘴号，当两者选定后，还可根据接头形式、焊接位置等具体工艺条件，在一定的范围内调节火焰的大小，即火焰能率。

焊件的导热性越强，气焊时所需的火焰能率就越大。如在相同的工艺条件下，其含铝和紫铜的火焰能率比低碳钢大。

（4）焊接方向。

气焊时，通常所指的焊接方向主要有两种：一种是自左向右施焊，称右焊法；另一种是自右向左施焊，称左焊法。在通常情况下，左焊法适用于焊接较薄的工件；右焊法适用于焊接较厚的工件。

（5）焊嘴及焊嘴倾角。

焊炬端部的焊嘴是氧炔混合气体的喷口，每把焊炬备有一套口径不同的焊嘴，焊接厚的工件应选用较大口径的焊嘴。焊嘴的选择如表 5.2 所示。

表 5.2　焊接钢材用的焊嘴

焊嘴号	1	2	3	4	5
工件厚度/mm	< 1.5	1～3	2～4	4～7	7～11

此外，焊接时焊嘴中心线与工件表面之间夹角（θ）的大小，将影响到火焰热量的集中程度。焊接厚件时，应采用较大的夹角，使火焰的热量集中，以获得较大的熔深。焊接薄件时则相反。焊嘴与工件的夹角的选择如表 5.3 所示。

表 5.3　焊嘴与工件的夹角

夹角/（°）	30	40	50	60
工件厚度/mm	1～3	3～5	5～7	7～10

2. 气焊基本操作要领

（1）点火、调节火焰与灭火。

点火时，先微开氧气阀门，再打开乙炔阀门，随后点燃火焰。这时的火焰是碳化焰。然后，逐渐开大氧气阀门，将碳化焰调整成中性焰。同时，按需要把火焰大小也调整合适。灭火时，应先关乙炔阀门，后关氧气阀门。

（2）堆平焊波。

气焊时，一般用左手拿焊丝，右手拿焊炬，两手的动作要协调，沿焊缝向左或向右焊接。焊嘴轴线的投影应与焊缝重合，同时要注意掌握好焊嘴与焊件的夹角 α，如图 5.13 所示。焊件愈厚，α 愈大。在焊接开始时，为了较快地加热焊件和迅速形成熔池，α 应大些。正常焊接时，一般保持 α 在 30° ~ 50°。当焊接结束时，α 应适当减小，以便更好地填满熔池和避免焊穿。焊炬向前移动的速度应能保证焊件熔化并保持熔池具有一定的大小。焊件熔化形成熔池后，再将焊丝适量地点入熔池内熔化。

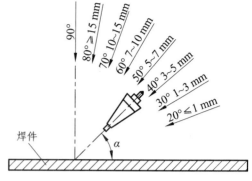

图 5.13　焊嘴与焊件的夹角

5.3　手工钨极氩弧焊

在焊接时为保护焊缝不被空气影响，常采用气体和熔渣联合保护。单独使用外加气体来保护电弧及焊缝，并作为电弧介质的电弧焊，称为气体保护焊。氩弧焊是采用氩气作为保护气体的一种气体保护焊方法。在氩弧焊应用中，根据所采用的电极类型可分为非熔化极氩弧焊和熔化极氩弧焊两大类。非熔化极氩弧焊又称为钨极氩弧焊，是一种常用的气体保护焊方法。

1. 焊接过程

钨极氩弧焊又称钨极惰性气体保护焊，它是使用纯钨或活化钨电极，以惰性气体——氩气作为保护气体的气体保护焊方法。钨棒电极只起导电作用而不熔化，通电后在钨极和工件间产生电弧。在焊接过程中可以填丝也可以不填丝。填丝时，焊丝应从钨极前方填加。钨极氩弧焊又可分为手工焊和自动焊两种，以手工钨极氩弧焊应用较为广泛。

2. 钨极氩弧焊的特点

钨极氩弧焊的优点是：由于焊缝被保护得好，故焊缝金属纯度高、性能好；焊接时加热集中，所以焊件变形小；电弧稳定性好，在小电流（<10 A）时电弧也能稳定燃烧。并且，焊接过程很容易实现机械化和自动化。

钨极氩弧焊的缺点是：氩气较贵，焊前对焊件的清理要求很严格。同时，由于钨极的载流能力有限，焊缝熔深浅，只适合于焊接薄板（<6 mm）和超薄板。为了防止钨极的非正常烧损，避免焊缝产生夹钨的缺陷，不能采用常用的短路引弧法，必须采用特殊的非接触引弧方式。

氩弧焊主要被用来焊接不锈钢与其他合金钢。同时，还可以在无焊药的情况下焊接铝、铝合金、镁合金及薄壁制件。

思考与练习

5.1　什么是焊接？常见的焊接方法有哪几种？

5.2　常用的焊接电源有哪两种？哪种焊接质量好？什么是正接法和反接法？实训中您用了哪种型号的电焊机，它的主要参数有哪些？

5.3　焊条的组成有哪些？各部分的作用是什么？

5.4　牌号 J421、J506 是什么焊条？牌号中数字的含义是什么？

5.5　焊接接头的形式有哪些？焊厚板时开坡口的意义是什么？

5.6　手工电弧焊的工艺参数有哪些？其中焊接电流应怎样选择？

5.7　气焊的设备由哪几部分组成？

5.8　为什么要减压阀和回火防止装置？

5.9　钨极氩弧焊有哪些特点及应用范围？

第6章 塑料成型

6.1 常见塑料的特性和用途

1. 聚乙烯（PE）

聚乙烯简称 PE，是乙烯经聚合制得的一种热塑性树脂。聚乙烯是目前产量最大、应用最广泛的通用塑料，具有性能优良、原材料来源丰富、价格便宜、加工成型容易等特点。聚乙烯无臭、无毒，手感似蜡，具有优良的耐低温性能（最低使用温度可达 – 100 ~ – 70 ℃），化学稳定性好，能耐大多数酸碱的侵蚀（不耐具有氧化性质的酸），常温下不溶于一般溶剂，吸水性小，电绝缘性能优良，可以用来制造电气绝缘零件，还可以制造承载不高的零件，如齿轮、轴承零件等。

2. 聚氯乙烯（PVC）

聚氯乙烯是一种使用一个氯原子取代聚乙烯中的一个氢原子的高分子材料。由氯乙烯在引发剂作用下聚合而成的热塑性树脂，是氯乙烯的均聚物。聚氯乙烯是世界上产量最大的塑料产品之一，价格便宜，应用广泛，聚氯乙烯树脂为白色或浅黄色粉末。聚氯乙烯无毒、无臭，应用广泛，可加工成板材、管材、棒材、容器、薄膜和日用品等。由于电气绝缘性能优良，聚氯乙烯在电子、电工工业中，可制造插座开关、电缆等。

3. 苯乙烯树脂（ABS）

ABS 树脂是目前产量最大、应用最广泛的聚合物，它将 PS，SAN，BS 的各种性能有机地统一起来，兼具韧、硬、金相均衡的优良力学性能，是最重要的工程塑料之一，在工业、日用品上都有极为广泛的应用，主要用来制造叶轮、轴承、把手、冰箱外壳等产品，还可以制造纺织器材、电气零件、文教体育用品、玩具等。

4. 环氧树脂（EP）

环氧树脂分子结构中含有环氧基团的高分子化合物。环氧树脂具有良好的物理、化学性能，它对金属和非金属材料的表面具有优异的粘接强度，介电性能良好，变定收缩率小，制品尺寸稳定性好，硬度高，柔韧性较好，对碱及大部分溶剂稳定，因而广泛应用于国防、国民经济各部门，作浇注、浸渍、层压料、粘接剂、涂料等用途。

6.2　塑料成型技术的介绍

塑料成型技术大致可分为冷加工和热加工。

1. 冷加工

人类最原始的加工方法几乎都可以应用在塑料和橡胶的加工中，包括锯、切割、磨和刨。近代出现的各类机床包括车床、铣床、钻床和冲裁剪切设备都可以应用在塑料加工。这些统称为塑料的冷加工。

2. 热加工

现代工业大规模采用的塑料成型技术属于热加工技术，且大多数应用于塑料加工，以下只介绍塑料的热成型方法。热成型方法顾名思义就是需要借助热量使不具备弹性变形的原材料变成能够弹性变形甚至成为可流道液体。主要成型工艺有：注塑成型工艺、挤出成型工艺、真空吸塑成型工艺、吹塑成型工艺和塑料焊接工艺等。这几种成型工艺占了塑料制品加工成型方法的大部分。

6.3　典型成型技术

6.3.1　注塑模具和注塑设备

1. 注塑模具

塑料模具加工的基本过程是将熔化状态的塑料充满塑料模具的型腔里，形成与模具型腔形状、尺寸一样的塑料制品。

塑料模具在塑料加工过程中占有极为重要的地位，塑料模具的设计、制造也成为一项重要的产业，被誉为"工业之母"。其中用于塑料注射成型的模具叫注射成型模具，简称为注塑模，是各种塑料模具中结构较为复杂的一种模具。由于注塑成型具有制件质量好、生产效率高、对塑料的适应性广、易于自动化生产的优点，注塑模广泛应用于塑料加工生产过程中。

注塑模具的种类很多，其结构与塑料品种、塑件的复杂程度和注射机的种类等因素有关，其基本结构都是由动模和定模两大部分组成的。定模部分安装在注射机的固定板上，动模部分安装在注射机的移动模板上。在注射成型过程中定模随注射机上的合模系统运动，在导柱的导向作用下与定模紧密配合，塑料熔体经注塑机的喷嘴从模具的浇注系统高速进入型腔，成型冷却后开模，即定模和动模分开，塑料制件留在动模上（也可留在定模上），顶出机构将塑件推出掉下。图 6.1 所示为一典型的注射模具结构示意图。

2. 注塑模具优点

注塑成型工艺是热塑性塑料的重要成型方法，可以制成各种形状的塑料制件，能一次成型外形复杂、尺寸精密、带有嵌件的塑料制件。绝大部分的热塑性塑料都可以采用注塑成型工艺进行成型。该工艺的主要优点是成型周期快、效率高、加工适应性强，易实现自动化生产。

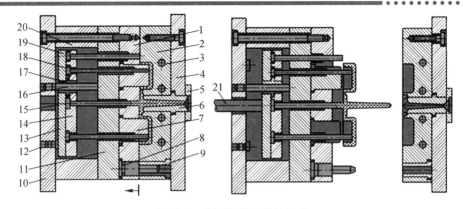

图 6.1　典型的注射模具结构

1—动模；2—定模；3—冷却水道；4—定模座板；5—定位圈；6—浇口套；7—型芯；8—导柱；
9—导套；10—动模座板；11—支撑板；12—限位钉；13—推板；14—推杆固定板；
15—拉料杆；16—推板导柱；17—推板导套；18—推杆；
19—复位杆；20—垫板；21—注塑机顶杆

3. 注塑设备

注塑成型机主要分为柱塞式和螺杆式两种。注塑成型机主要由注射系统、合模系统、液压传动系统和控制系统组成。图 6.2 所示为螺杆式注塑机。

图 6.2　螺杆式注塑成型机

4. 注塑模具的组成

典型注塑模具一般由以下几个部分组成：

（1）成型零部件。

成型零部件通常由凸模（或型芯）、凹模（型腔板）、镶件等组成。合模时构成型腔，用于填充塑料熔体，它决定塑件的形状和尺寸。在图 6.1 中，动模 1 和型芯 7 成型塑件的内部形状，定模板 2 成型塑件的外部形状。

（2）浇注系统。

浇注系统是熔融塑料从注塑机的喷嘴进入模具所流经的通道，一般由主浇道、分浇道、浇口等组成。在图 6.1 中，浇口套 6 中的孔为主浇道，其形状为圆锥形，目的是便于熔融塑料的顺利流入及开模时主浇道的凝料顺利拔出。主浇道圆锥大端的上下通道为分浇道。分浇道是主浇道和浇口之间的通道，一般多型腔模具或大型塑料模具上有多个分浇道。

（3）导向系统。

导向系统包括定模和动模之间的导向机构、推出机构的导向机构两种。前者保证动模和定模在合模时准确对模，保证塑件的形状和尺寸精度，见图 6.1 的导柱 8 和导套 9；后者是避免推出过程中推出板歪斜而设置的，见图 6.1 的推板导柱 16 和推板导套 17。

（4）脱模机构。

脱模机构又称推出机构。常见的有推杆推出机构、推板推出机构和推管推出机构等，见图 6.1 中推板 13、推杆固定板 14、拉料杆 15、推杆 18 和复位杆 19 组成推杆推出机构。

（5）抽芯机构。

当塑件在垂直于分模方向的面有孔或者凸台时，需要在该方向设置凸模或者型芯来形成这些特征。

（6）加热和冷却系统。

为满足注射工艺对模具的温度要求，必须对模具温度进行控制，所以模具常常设有冷却系统或在模具内部或四周安装加热元件。冷却系统一般在模具上开设冷却水道，见图 6.1 的冷却水道 3。

（7）排气系统。

在注射成型过程中，为将型腔内的空气排出，常常需要开设排气系统，通常是在分型面上开设若干条沟槽或利用模具的推杆或型芯与模板之间的配合间隙进行排气。小型塑件的排气量不大，可直接利用分型面排气，而不必另设排气槽。

6.3.2　注塑机使用和调整

1. 注塑机的使用

（1）必须由经过训练且熟悉注塑机结构性能及操作程序的操作者进行操作。

（2）必须严格按操作规程要求操作塑机，不得在非操作工位进行违章操作。要确保安全装置的可靠性，不得为追求效率而破坏机器的安全防护措施。

（3）注塑机要使用清洁度、黏度等指标均符合要求的液压油，并按规定为油冷却器提供足够流量的冷却水，以免液压元件和管路因油液污染或高温产生阻塞、漏油等损坏现象。挤出机应给减速器加注符合要求的润滑油。

（4）不要使用带金属杂质或泥沙的低质回料，进料口附近不得放置可能掉入的金属物，以防加剧螺杆、机筒的磨损或产生卡死、损坏现象。

（5）料温未达到设定温度，保温时间不够时，均不许开机运转螺杆。

（6）出现故障或非正常情况时必须报告有关人员，并由专业维修人员来进行处理。如发现有影响安全的不正常现象出现，立即按下急停开关。

（7）挤出机不能在主电机运转时开、停机，尤其不能在高速运转时开、停机。

（8）注意消防安全，灭火器需放在使用导热油的设备附近。

2. 注塑机的调校

一般的注塑机可以根据以下的程序作调校：

（1）根据原料供应商的资料所提供的温度范围，将料筒温度调至该范围的中间，并调整模温。

（2）估计所需的射胶量，将注塑机调至估计的最大射胶量的 2/3。调校倒索（抽胶）行程。估计及调校二级注塑时间，将二级注塑压力调至零。

（3）初步调校一级注塑压力至注塑机极限的一半（50%）；将注塑速度调至最高。估计及调校所需要的冷却时间。采用半自动注塑模式；开始注塑程序，观察螺杆的动作。

（4）适当调节射胶速度和压力，若要使充模时间缩短，可以增加注塑压力。压力最终都要调得够高，使可以达到的最大速度不受设定压力限制。若有溢料，可以把速度降低。

（5）每观察一个周期之后，便把射胶量及转换点调节。设定程序，使可以在第一级注塑时已能获得按射胶重量计算达到 95%～98% 的充模。

（6）当第一级注塑的注射量、转换点、注塑速度及压力均调节妥当后，便可进行第二级的保压压力的调校程序。

（7）按需要适当调校保压压力，但切勿过分充填模腔。

（8）调校螺杆速度，确保刚在周期完成之前熔胶已完成，而注塑周期又没有受到限制。缩短周期时间来提高生产率。

6.4　注塑成型辅机系统应用

6.4.1　中央除湿和干燥系统

大多数的工程塑料多具有吸湿性，当塑料自防潮密封的包装袋取出暴露在大气中时，即开始从大气中吸收湿气，若是以一般传统热风式料桶烘干机（Hopper dryer），因为是以带有湿气的外气去干燥塑料，故无法防止塑料继续吸收湿气。

随着工程塑料广泛地被使用，除湿型干燥机已渐渐取代传统的热风烘干机。使用除湿干燥机具有以下效益：

（1）可将塑料原料中的水分带走，以消除气泡的产生，使产品达到理想的机械性、电气性、尺寸稳定性与外观。

（2）防止不良品的产生与退货损失，降低废料的产生。

（3）因为除湿干燥机是利用非常干燥的空气来进行除湿工作，故可以缩短烘料时间，节省工时。

（4）除湿干燥机的空气管路都采用密闭循环系统，并装有过滤器，因此不受外界气候影响，以及可以防止粉尘在厂内造成污染，改善工作环境。

一个良好的干燥效率决定因素为：干燥温度（Drying temperature）、干燥时间（Residence time）、风量（Air flow）、露点（Dew point），这 4 个因素环环相扣，任何一个条件的改变都会影响干燥效果。

干燥温度是指进入干燥桶的空气温度，每一种原料因其物性（例如分子结构、比重、比热、含水率等因素），干燥时温度均有一定的限制，温度太高时会使原料中的部分添加物挥发变质或结块，太低又会使某些结晶性原料不能达到所需干燥条件。干燥时间是指原料成型前预干燥的时间，干燥时间太长会造成原料变质或结块或浪费能源，干燥时间太短会造成含水率过高的现象。风量是带走原料中水分的唯一媒介，风量大小会影响除湿效果的好坏。风量太大会造成回风温度过高，造成过热现象（Over heat）而影响露点的稳定性，风量太小则无法将原料中的水分完全带走，风量也是代表除湿干燥机的除湿能力。露点温度是指当气体冷却到将含有的湿气凝结成水珠的温度，是一种计测气体干燥（潮湿）程度的单位。气体中的湿气愈少，露点温度就愈低。良好的除湿干燥机露点要能达到 −40 ℃ 的露点温度。图 6.4 所示为除湿干燥机。

除湿干燥机根据使用方式可分为单机式与集中式。

单机式除湿干燥机通常包括干燥机主机、干燥桶及吸料机。单机式的使用适合于少量多样的干燥，其优点是干燥效率佳，且方便快速换料。

集中式干燥机包括一部干燥机主机以及数个干燥桶，每个干燥桶有独立的加热控制器，可以同时干燥数种不同的原料，并配合风量调节阀来控制每个干燥桶的风量。

图 6.4　除湿干燥机

6.4.2　粉碎系统

塑料粉碎机（Plastic mill）指粉碎各种塑性塑料和橡胶，如塑料异型材、管、棒、丝线、薄膜、废旧橡胶制品。粒料可直接供挤出，作为生产原料。粉碎机一般由旋转子、刀片、过滤网和传动装置组成。

塑料粉碎机是利用废旧塑料制品进行回收造粒的必备设备之一，它能把各种塑料制品粉碎成小块，并在粉碎的同时清洗除去其中的尘土，杂质，从而得到干净清洁的塑料物品，使塑料回收机械能够顺利工作。

塑料粉碎机的工作原理是物料从进料箱落到转动刀片上，转动刀片与固定刀片将物料粉碎。粉碎的物料通过筛网孔落入到集料盒。图 6.5 所示为机边慢速粉碎机，它是一种注塑机粉碎料回收供料系统，属于塑料加工技术领域，其发明目的是使能够在仅有压缩空气没有真空机的情况下对注塑机供料。它包括粉碎料储存输送装置、配料斗、底座和连接管道。塑料粉碎机操作方便，换刀片简便快捷，采用爪刀式转子设计，切削效率高，能量损耗低。

图 6.5　机边慢速粉碎机

6.4.3　上料系统

上料机有很多种,在生产中不同注塑机所用的上料设备有所不同,常用的有吸引式上料机、压送式上料机、螺旋管式上料机等。各种上料机一般都用于机台较高的大型注塑机,小型机一般不采用。对于送料系统,输送粉末料采用弹簧管式输送系统和罗茨鼓风机式的风送系统,而颗粒输送上料采用真空上料器。

1. 吸引式上料机

吸引式上料机是在注塑机料斗上加装减压鼓风机和旋风分离器组成的上料系统,是一种风力负压上料的形式,如图6.6所示。它利用风力将塑料粒子吸上输送管道,再经旋风分离器把空气和物料分离,空气从顶部排出,而物料从底部落入料斗。这种上料机适用于粒料,有单机和机组自动上料,能根据需要方便地调节吸料量。但需保持装置的密封性,否则影响吸料效果。

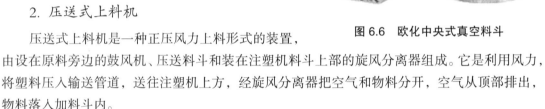

2. 压送式上料机

压送式上料机是一种正压风力上料形式的装置,

图6.6　欧化中央式真空料斗

由设在原料旁边的鼓风机、压送料斗和装在注塑机料斗上部的旋风分离器组成。它是利用风力,将塑料压入输送管道,送往注塑机上方,经旋风分离器把空气和物料分开,空气从顶部排出,物料落入加料斗内。

3. 螺旋管式上料机

螺旋管式上料机是一种无堵塞、无排风产生粉尘的输送装置。它用钢丝制成螺旋弹簧,置入输料管中,用电机驱动弹簧高速旋转,产生轴向力和离心力,物料在这些力的作用下被提升,实现物料输送。

6.4.4　模温系统

模具温度控制机简称模温机,目前市面上基本有两种,一种是以水作为媒体,一种是以导热油作为媒体。这两种模温机的区别,以水作为媒体的(简称水温机或水式模温机)优点有:

(1)没有污染。

(2)运作成本低廉,几乎不需要花钱买介质。

(3)升温速度反应快。

以导热油作为媒体的(简称油温机或油式模温机)优点有:

(1)高温状态下是低压力运行状态,比较安全。

(2)可以达到比水式模温机更大的温控范围。

模温机的作用就是用来加热提高模具温度或冷却降低模具温度,使其达到一个合理温度,并控制注工作温度,保证注塑件品质稳定和优化加工时间。在注塑工业中,模具的温度对注塑件的质量和注塑时间有着决定性的作用。在注射加工中,如果对模温的稳定性进行控制和调节就可以有效地缩短成型周期,减少生产开始的等待时间,能提高制品质量,保持质量稳定性,减少废品数量。为此有必要给注塑机配备模温调节器。模温调节器的温度控制范围一般在 20 ~ 160 ℃。图 6.7 所示为注塑机用水作为媒体的模具温度控制机。

图 6.7　模具温度控制机

6.4.5　混料机系统

在注塑成型过程中,混料是十分重要的环节,混料的关键是保证混料过程中各种物料投放的准确性和可靠性,以及为达到使原料充分混合的温度的准确性和测量实时性。混炼机是用以将生胶和配合剂进行混炼的炼胶设备,同时还可塑炼天然橡胶。混炼机分为开放式炼胶机(简称开炼机)和密闭式炼胶机(简称密炼机)两种。当胶料在开炼机上进行薄通时,配合剂是在炼胶辊隙中加入的。图 6.8 所示为注塑机辅机设备——立式混色机。该设备基本结构由装料缸(带包套)、搅拌机构、真空系统、控制系统和加热/冷却系统组成。混炼总成组合为混炼机或捏合机。不同的成型工艺所需要的混炼设备也不同,如塔式混料机利用螺杆的快速旋转将原料从桶体底部由中心提升至顶端,再以伞状飞抛散落,回至底部,这样原料在桶内上下翻滚搅拌,短时间内即可将大量原料均匀的混合完毕。

图 6.8　立式混色机

6.5　快速硅胶模具的制作

1. 模具硅胶介绍

模具硅橡胶是一种高性能制模材料,具有模具复制仿真性强,硫化后的硅橡胶与其他不互黏,耐高温、老化性能好等优异性能。同时,还具有撕裂强度高、伸长率大、耐溶胀性能好等突出优点。广泛用于玻璃树脂(Polyster)、环氧树脂(Epoxy)、聚氨酯成型产品、PU 发泡树脂之装饰品及工艺品的复制、仿古家私、陶瓷、工艺蜡烛、人造塑像、艺术品复制、人造仿天然石、鞋模、灯饰艺品、PU 发泡树脂和低熔点合金等材料制品成型模具,还可以制作印刷工业的转印板等各种制作模具材料,也可以直接用于硅胶制品。图 6.9 所示为用硅胶制造的仿真婴儿。

2. 硅胶模具制作

硅胶模适合首板小批量制造、破裂塑件的复制和工艺品仿真制造。

（1）将母模定位，做好分型面，设计好水口、灌注口和围框。

（2）选择合适的硅橡胶和固化剂按重量比搅拌均匀，然后放入真空机抽真空排尽气泡 2～3 min（也可以选择压力缸排泡 2～3 min）。

（3）浇模，把排完气泡的硅胶流动体从一个位置慢慢倾入模框内。直到覆盖整个母模为止。放置于平整处，室温静待或者适当加热，表面不发黏即可（如大模具应放置更长时间再开模）。

（4）硅胶模开好之后，将需要的树脂搅拌均匀，倒入硅胶模腔，可根据需要抽真空排气泡。

图 6.9　仿真婴儿

图 6.10 至图 6.20 所示为制作硅胶模具的步骤与图解。

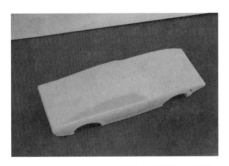

图 6.10　准备好模型（母模）

图 6.11　对母模进行打磨，修补

图 6.12　准备好围框的板

图 6.13　准备好硅胶

图 6.14　围框，将搅拌好的硅胶先抽真空，再灌注硅胶，然后再一次抽真空

图 6.15　将模具放入烤炉 60 ℃ 烘烤 2 ~ 4 h，待其固化

图 6.16　用切刀把硅胶沿开模线划开

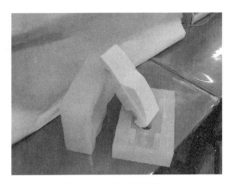

图 6.17　取出模种

图 6.18　清扫型腔

图 6.19　喷脱模剂

图 6.20　完成的硅胶模具

3. 注意事项

（1）大量使用之前，请小量试用，掌握好其使用技巧，以免造成不必要的损失。

（2）如果母模属于陶瓷，水泥等含硅材料，需喷上脱模剂或者油漆，以防粘模。

（3）搅拌使用的容器需清理干净。容器内壁残留因搅拌时不均匀，尽量不要倒入模内，以免引起局部不固化。

（4）请注意硅胶和固化剂之间的比例，以使用天平或电子秤。

（5）当胶体黏度过高，可适量加入矽油调整，可增加其流动性。但硬度也会随之降低。

（6）如需调整硅橡胶模的固化时间，可调整固化剂的比例。

4. 常见操作问题以及解决方案

一些常见操作问题以及解决方案，如表6.1所示。

表6.1 常见操作问题以及解决方案

常见问题	解决方案
硅橡胶局部不固化或不固化	搅拌均匀，固化剂用量
硅橡胶固化时间慢	固化剂可适量增加比例并加热
硅橡胶与模种粘模现象	将模种喷上油漆或脱模剂
胶体黏度高，不适合操作	可添加适量的矽油，调整其流动性
硅胶弹性差以及使用寿命短	考虑更好质量的硅胶

思考与练习

6.1 试列举最常见的几种工程塑料的名字。

6.2 注塑模具由哪几个部分组成？它是如何安装在注塑机上的？

6.3 请简单描述硅胶模具的制作步骤。

第7章　表面处理

7.1　概　述

表面处理也称表面工程，它是将固体材料表面与基体一起作为一个系统进行设计，利用表面改性技术、薄膜技术和涂镀层技术，使材料表面获得它本身没有而又希望具有的性能的系统工程。表面工程技术包括了表面改性技术、薄膜技术和涂镀层技术。

1. 表面改性技术

表面改性技术是利用现代技术改变材料表面的化学组成、相结构，提高材料表面性能的处理技术。主要包括：表面形变强化处理、表面相变强化处理、离子注入、表面扩散渗处理、化学和电化学转化膜处理等。

2. 薄膜技术

采用物理气相沉积（蒸镀、溅射、离子镀）和化学气相沉积的方法在零件表面上沉积厚度为 100 nm 至数微米薄膜的形成技术，称为薄膜技术。薄膜涵盖的内容很广泛，按其用途可分为光学薄膜、微电子学薄膜、光电子学薄膜、集成光学薄膜、信息存储膜和防护装饰薄膜等。

3. 涂镀层技术

在零件表面涂覆一层或多层表面层的形成技术称为涂镀层技术。主要包括：电镀和化学镀、油漆等有机涂层、金属和陶瓷等无机涂层、热浸镀层等。

4. 表面工程技术的功能和作用

（1）提高材料表面的耐磨性、耐腐蚀性以及抗高温氧化性。

（2）提高材料抗疲劳的能力。

（3）提高材料耐热、导热、隔热、吸热、热反射的性能。

（4）赋予材料特定的物理性能，如导电、绝缘、半导体特性、超导、存储、电磁屏蔽、发光、消光、光反射、雷达波"隐身"、红外"隐身"、传感、可焊等。

（5）赋予材料声、光、磁、电转换及存储记忆的功能。

（6）赋予制件表面装饰的特性。

7.2　真空蒸发镀膜

真空蒸发镀膜（简称蒸镀）是在真空条件下，加热蒸发物质使之气化、成为具有一定能量的气态粒子（原子、分子或原子团），沉积到被镀物体表面，形成固态薄膜。蒸镀是物理气相沉积中发展较早、应用较广泛的一种干性镀膜技术。

7.2.1　真空蒸发镀装置及原理

蒸镀装置主要由真空抽气系统和镀膜室组成。图 7.1 所示为采用电阻蒸发源的真空蒸镀装置示意图。

1. 真空抽气系统

镀膜室在工作时为高真空状态，通过真空抽气系统获得。真空抽气系统由（超）高真空泵、低真空泵、排气管、阀门以及真空测量计等组成。可将镀膜室抽真空至 $10^{-2} \sim 10^{-3}$ Pa。

2. 镀膜室

镀膜室大多用不锈钢制成。镀膜室内包括有蒸发源、基板，被镀工件装夹在基板的位置，用卡具固定。此外，还置有测量膜厚并监控薄膜生长速率的膜厚计以及控制薄膜生长形态的基板加热器等。

3. 蒸发源

蒸发源是用来加热镀层材料使之蒸发变为气态的部件。目前，真空蒸发使用的蒸发源主要有电阻加热、电子束加热、高频感应加热、电弧加热和激光加热。

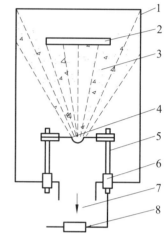

图 7.1　真空蒸镀装置示意图
1—镀膜室；2—基板；3—金属蒸发流线；
4—电阻蒸发源；5—电极；
6—电极密封绝缘件；
7—排气系统；
8—交流电源

其中，电阻加热蒸发源由电阻温度系数大的高熔点金属钨、钼、钽等制成。将待蒸镀的材料装在蒸发源上，电极通以低压大电流交流电，产生高温后直接进行蒸发。或者把待蒸镀材料放入 Al_2O_3、BeO 等坩埚中进行间接加热蒸发。大量蒸发成气态的金属原子，离开蒸发源的熔池表面，到达零件表面凝结成金属薄膜。电阻加热蒸发源一般用于蒸镀低熔点的金属和化合物。

7.2.2　真空蒸发镀工艺及应用

1. 真空蒸发镀的应用

真空蒸发镀膜工艺比较简单，操作容易，而且成膜速度快，效率高。尤其是真空镀铝膜呈现出耀眼的金属光泽，在其上染色，可得到有金属质感的鲜艳色彩。因此，利用这些特点，开发了多种工业应用。比如，在塑料薄膜上真空镀铝后染金、银或彩色，可制成彩花、彩带、礼品包装用材，或剪切成丝，用于纺织品上，产生金银闪烁的特殊效果。在印刷了图案的塑料薄膜上镀铝，大量用作密封包装袋、广告商标铭牌等。还可制成复合包装材料，广泛用于各种防潮、防紫外线照射的食品包装，如制作软罐头。塑料薄膜表面经压纹处理后真空镀铝，可制成光衍射干涉膜（彩虹膜），具有装饰和防伪的作用。还由于真空镀铝具有高的可见光反射率，目前在制镜行业中已广泛采用蒸镀，以铝代替银。

2. 塑料金属化装饰镀

许多塑料（包括 ABS、聚苯乙烯、聚丙烯等）产品，如石英钟壳、玩具、工艺品、服装饰件、家具装饰件、电器元件等表面都可利用真空镀膜技术实现金属化装饰处理。为了获得绚丽多彩的外观，通常采用真空镀铝，然后染色处理。

塑料金属化真空镀膜的工艺流程是：

塑料件前处理（清洗、烘烤、吹灰）→装夹→上底漆→烘干→真空镀膜→上面漆→烘干→染色。

（1）前处理。零件镀膜前应彻底清洗去除油污，烘干，吹去污染微粒。否则，容易出现如斑点、斑纹等镀膜缺陷，甚至导致膜层局部脱落。

（2）涂底漆。可采用喷涂或浸渍的方法上漆。要求底漆与塑料件、镀层都能牢固粘着，并可改善被镀件表面的粗糙度。

（3）镀铝。采用真空电阻加热蒸发镀铝，真空度要求在 7×10^{-2} Pa 以上，镀材为 99.99% 纯度的铝丝，蒸发过程在几秒钟内完成，以保证铝膜的光亮。

（4）涂面漆。面漆要能与铝膜牢固粘着并要与底漆相容，要对相应的染料具有好的可染性，好的耐候性及保护性，透明耐磨。

（5）染色。在镀铝和上面漆后，若需进行染色，可通过选择染料和控制染色工艺而得到几乎所有的颜色。选用的染料，要求在面漆上染色性强，耐光性好，颜色鲜艳。

染色后的零件用清水冲洗干净，自然晾干。

7.3　化学腐蚀加工

7.3.1　化学腐蚀加工的原理和特点

在现代机械加工工艺中，对于某些形状复杂、加工量大、材料硬度高的零件，往往采用化学腐蚀加工。所谓化学腐蚀加工就是将零件要加工的部位与化学介质直接接触，发生化学反应，使该部位的材料被腐蚀溶解，以获得所需要的形状和尺寸。化学腐蚀加工时，应先将工件表面不加工的部位用抗腐蚀涂层覆盖起来，然后将工件浸入腐蚀液中或在工件表面涂覆腐蚀液，将裸露部位的余量蚀除，达到加工目的。化学腐蚀加工具有如下几个特点：

（1）可加工能被化学介质腐蚀的金属和非金属材料，不受被加工材料的硬度影响，不发生物理变化。

（2）加工后表面无毛刺、不变形、不产生加工硬化现象。

（3）只要腐蚀液能浸入的表面都可以加工。

（4）加工时不需要特殊夹具和贵重装备。

（5）腐蚀液和废气污染环境，对设备和人体也有危害作用，需采取适当的防护措施。

7.3.2　化学腐蚀加工方法

常用的化学腐蚀加工工艺有照相腐蚀、化学铣切等。

1. 照相腐蚀工艺

照相腐蚀工艺主要用来加工塑料模型腔表面上的花纹、图案和文字。其方法是把所需图像摄影到照相底片上，再将底片上的图像经过光化学反应（曝光），复制到涂（粘）有感光胶的型腔表面上。经感光后的胶膜不溶于水，而且强度和耐蚀性有所提高。未感光的胶膜能溶于水，清洗去除后，需腐蚀的金属部位便裸露出来，经腐蚀液的浸蚀，即能在膜具上获得所需要的花纹、图案。最后，用碱溶液将表面附着的保护性感光胶溶解、清洗干净、烘干、涂油，即完成全部加工。

2. 化学铣切工艺

化学铣切是以化学腐蚀的方法将零件按设计要求加工成一定的几何形状和深度的方法。主要用于航空、航天工业的铝合金、钛合金、不锈钢的洗切加工。加工的深度是通过零件在化学浸蚀液中停留时间的长短来控制，而加工形成的几何形状则是通过涂覆保护涂料来实现。当加工完成后即可将涂层去除。

化学浸蚀液可根据零件的材料来选择，如铝可采用 NaOH 水溶液，对钢铁则选用 $FeCl_3$ 水溶液。保护涂料通常以丁基橡胶、氯丁橡胶、氯磺化聚乙烯等为基料，加入填料、固化剂等。要求能对非加工表面进行可靠的保护，施工简便，在常温下快速干燥固化，毒性低，又要在铣切加工后容易剥离。

思考与练习

7.1 试述你所了解的有关表面处理的应用事例以及作用。

7.2 在塑料表面进行真空蒸发镀铝，其镀膜工艺和过程如何？

7.3 简述化学腐蚀加工的基本原理。

7.4 请自行设计具有一定创意性和艺术性的图案，并采用化学腐蚀的方法制作。

第8章　切削加工基础

8.1　切削加工基础

8.1.1　概　述

金属切削加工是利用刀具将毛坯上多余的金属材料切去，从而使工件达到规定精度和表面质量的机械加工方法。为了切除多余的金属，刀具和工件之间必须有相对运动，即切削运动。

8.1.2　切削运动与切削用量

1. 切削运动

切削运动可分为主运动和进给运动。

主运动是使工件与刀具产生相对运动以进行切削的最基本运动，主运动的速度最高，所消耗的功率最大。进给运动是不断地把被切削层投入切削，以逐渐切削出整个表面的运动。进给运动一般速度较低，消耗的功率较少，可由一个或多个运动组成。常见的切削运动如图8.1 所示。

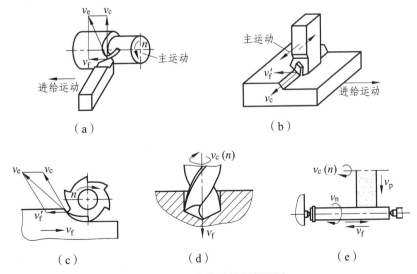

图 8.1　几种常见的切削运动

2. 切削用量

切削用量是表示主运动及进给运动参数的数量，是切削速度 v_c、进给量 f 和背吃刀量 a_p 三者的总称。它是调整机床，计算切削力、切削功率和工时定额的重要参数。

（1）切削速度 v_c。

切削刃上选定点相对于工件沿主运动方向的瞬时速度称为切削速度。以 v_c 表示，单位为 m/min 或 m/s。

若主运动为旋转运动（如车削、铣削等），切削速度一般为其最大线速度，计算公式为：

$$v_c = \frac{\pi dn}{1\,000 \times 60} \ (\text{m/s})$$

式中：d——工件或刀具直径，mm；

n——工件或刀具转速，r/min。

（2）进给量 f。

刀具在进给运动方向上相对于工件的位移量，可用刀具或工件每转（主运动为旋转运动时）或每行程（主运动为直线运动时）的位移量来表达和测量，单位为 mm/r 或 mm/行程。

切削刃上选定点相对工件的进给运动的瞬时速度称为进给速度 v_f，单位为 mm/s。它与进给量之间的关系为：

$$v_f = nf = nf_z z$$

（3）背吃刀量 a_p。

在通过切削刃上选定点并垂直于该点主运动方向的切削层尺寸平面中，垂直于进给运动方向测量的切削层尺寸，称为背吃刀量，以 a_p 表示，单位为 mm。车外圆时，a_p 可用下式计算：

$$a_p = \frac{d_w - d_m}{2} \ (\text{mm})$$

式中：d_w——工件待加工表面直径，mm；

d_m——工件已加工表面直径，mm。

钻孔时，a_p 可用下式计算：

$$a_p = \frac{d_m}{2} \ (\text{mm})$$

式中：d_m——工件已加工表面直径，即钻孔直径，mm。

8.1.3 刀具材料和刀具主要几何角度

1. 对刀具材料的基本要求

在切削加工时，刀具切削部分与切屑、工件相互接触的表面上承受了很大的压力和强烈的摩擦，刀具在高温下进行切削的同时，还承受着切削力、冲击和振动，因此，要求刀具切削部分的材料应具备以下基本条件：

（1）高硬度。

刀具材料必须具有高于工件材料的硬度，常温硬度应在 HRC60 以上。

（2）耐磨性。

耐磨性表示刀具抵抗磨损的能力，通常刀具材料硬度越高，耐磨性越好，材料中硬质点的硬度越高，数量越多，颗粒越小，分布越均匀，则耐磨性越好。

（3）强度和韧性。

为了承受切削力、冲击和振动，刀具材料应具有足够的强度和韧性。

（4）耐热性。

刀具材料应在高温下保持较高的硬度、耐磨性和强度和韧性，并有良好的抗扩散、抗氧化的能力，这就是刀具材料的耐热性，它是衡量刀具材料综合切削性能的主要指标。

（5）工艺性。

为了便于刀具制造，要求刀具材料有较好的可加工性，包括锻、轧、焊接、切削加工、可磨削性和热处理特性等。

2. 常用刀具材料

刀具材料种类很多，常用的有碳素工具钢、合金工具钢、高速钢、硬质合金等。碳素工具钢和合金工具钢，因其耐热性较差，仅用于手工工具。当今，用得最多的刀具材料为高速钢和硬质合金。

1）高速钢

高速钢是在合金工具钢中加入了较多的钨、铬、钼、钒等合金元素的高合金工具钢。高速钢具有较高的硬度（热处理硬度可达 63～66 HRC）和耐热性（600～650 ℃），切削中碳钢的速度一般不高于 50～60 m/min。具有高的强度（抗弯强度为一般硬质合金的 2～3 倍）和韧性，能抵抗一定的冲击振动。它具有较好的工艺性，可以制造刃形复杂的刀具，如钻头、丝锥、成型刀具、拉刀和齿轮刀具等。

高速钢按用途不同分为通用型高速钢和高性能高速钢。

（1）通用型高速钢。

通用型高速钢工艺性能好，能满足通用工程材料的切削加工要求。常用的种类有：

① 钨系高速钢。最常用的牌号是 W18Cr4V，它具有较好的综合性能，可制造各种复杂刀具和精加工刀具，在我国应用较普遍。

② 钼系高速钢。最常用的牌号是 W6Mo5Cr4V2，其抗弯强度和冲击韧度都高于钨系高速钢，并具有较好的热塑性和磨削性能，但热稳定性低于钨系高速钢，适合制作抵抗冲击刀具及各种热轧刀具。

（2）高性能高速钢。

高性能高速钢是在普通型高速钢中加入钴、钒、铝等合金元素，以进一步提高其耐磨性和耐热性等。

2）硬质合金

硬质合金是在高温下烧结而成的粉末冶金制品，具有较高的硬度和良好的耐磨性。可加工包括淬硬钢在内的多种材料，因此获得广泛应用。常用硬质合金按其化学成分和使用特性可分为：钨钴类（YG）、钨钛钴类和钨钛钽钴类（YW）。

（1）钨钴类硬质合金。

它是由硬质相碳化钨 WC 和粘接剂钴 Co 组成的，其韧性、磨削性能和导热性好。主要适用于加工脆性材料如铸铁、有色金属及非金属材料。代号 YG 后的数值表示钴 Co 的含量，合金中含钴量越高，其韧性越好，适用于粗加工；含钴量少的，用于精加工。

（2）钨钛钴类硬质合金。

它是由硬质相 WC、碳化钛 TiC 和粘接剂钴 Co 组成的，由于在合金中加入了碳化钛（TiC），从而提高了合金的硬度和耐磨性，但是抗弯强度、耐磨削性能和热导率有所下降；低温脆性较大，不耐冲击，因此，这类合金适用于高速切削一般钢材。代号 YT 后的数值表示碳化钛 TiC 的含量，当刀具在切削过程中承受冲击、振动而容易引起崩刃时，应选用 TiC 含量少的牌号，而当切削条件比较平稳，要求强度和耐磨性高时，应选用 TiC 含量多的刀具牌号。

（3）钨钛钽钴类硬质合金。

在钨钛钴类硬质合金中加入适量的碳化钽（TaC）或碳化铌（NbC）稀有难熔金属碳化物，可提高合金的高温硬度、强度、耐磨性、粘接温度和抗氧化性，同时，韧性也有所增加，具有较好的综合切削性能，所以人们常称它为"万能合金"。但是，这类合金的价格比较贵，主要用于加工难切削材料。

3. 刀具主要几何角度

金属切削刀具切削部分的结构要素和几何角度等都大致相同，现以具有代表性的车刀为例说明刀具主要几何角度。

车刀切削部分由前刀面、主后刀面、副后刀面、主切削刃、副切削刃和刀尖组成，如图 8.2 所示。

（1）前刀面，刀具上切屑流过的表面。

（2）主后刀面，刀具上与工件上的加工表面相对着并且相互作用的表面。

（3）副后刀面，刀具上与工件上的已加工表面相对着并且相互作用的表面。

（4）主切削刃，刀具上前刀面与主后刀面的交线。

（5）副切削刃，刀具上前刀面与副后刀面的交线。

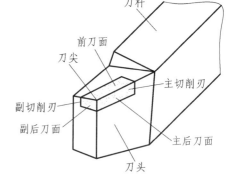

图 8.2　车刀切削部分组成

（6）刀尖，主切削刃与副切削刃的交点。刀尖常磨出圆弧或直线过渡刃。

4. 车刀切削部分的主要角度

（1）测量车刀切削角度的辅助平面。

为了确定和测量车刀的几何角度，设想在切削刃上建立起三个互相垂直的辅助平面，来表述刀面及切削刃的空间位置，因此，辅助平面又叫刀具标注角度参考系。这三个辅助平面是切削平面、基面和正交平面，如图 8.3 所示。

① 切削平面 P_s。切削平面是切于主切削刃某一选定点并垂直于刀杆底平面的平面。

② 基面 P_r。基面是过主切削刃某一选定点并平行于刀杆底面的平面。

③ 正交平面 P_o。通过主切削刃上选定点并同时垂直于基面和切削平面的平面。

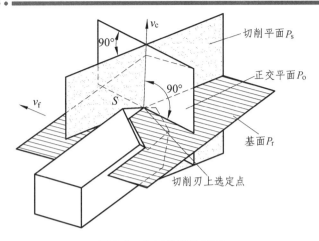

图 8.3 车刀的辅助平面

可见这三个坐标平面相互垂直，构成一个空间直角坐标系。

（2）车刀的主要角度（见图 8.4）。

① 前角 γ_0：在正交平面内测量的前刀面与基面间的夹角。前角有正、负和零度之分，当前面与切削平面夹角小于 90° 时前角为正值；大于 90° 时前角为负值；前面与基面重合时为零度前角。

② 后角 α_0：在正交平面内测量的主后刀面与切削平面间的夹角。当后面与基面夹角小于 90° 时后角为正值。为减小刀具和加工表面之间的摩擦等，后角一般不能为零度，更不能为负值。

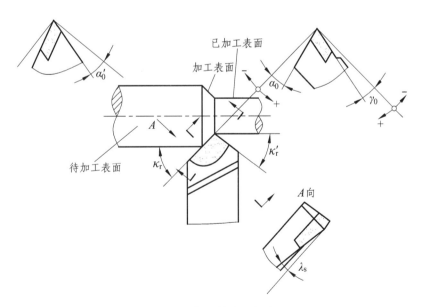

图 8.4 车刀的主要角度

③ 主偏角 κ_r：在基面内测量的主切削刃在基面上的投影与假定进给运动方向间的夹角。它总是为正值。

④ 副偏角 κ_r'：在基面内测量的副切削刃在基面上的投影与进给运动反方向的夹角。副偏

角一般为正值。

⑤ 刃倾角 λ_s：在切削平面内测量的主切削刃与基面间的夹角，如图 8.5 所示。当刀尖是主切削刃的最高点时，刃倾角为正值；当刀尖是主切削刃的最低点时，刃倾角为负值；当主切削刃与基面重合时，刃倾角为零度。

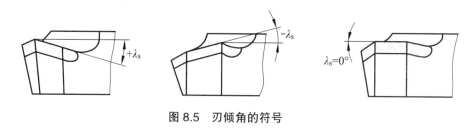

图 8.5 刃倾角的符号

8.2 常用量具及其使用方法

8.2.1 游标卡尺

游标卡尺，是一种测量长度、内外径、深度的量具精密测量工具。游标卡尺由主尺和附在主尺上能滑动的游标两部分构成。主尺一般以毫米（mm）为单位，而游标上则有 10、20 或 50 个分格，根据分格的不同，游标卡尺可分为 0.1 mm、0.05 mm、0.02 mm 三种。游标卡尺的主尺和游标上有两副活动量爪，分别叫作内测量爪和外测量爪，内测量爪通常用来测量内径，外测量爪通常用来测量长度和外径，如图 8.6 所示。

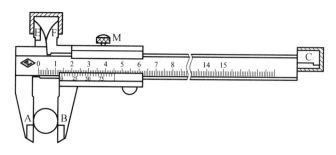

图 8.6 游标卡尺

A、B—外测量爪；C—测杆；E、F—内测量爪；M—螺钉

1. 游标卡尺的工作原理与读数方法

以分度值为 0.05 mm 的游标卡尺为例，具体说明游标的工作原理与读数方法。当使游标卡尺的外测量爪并合时，游标上的 0 刻线正对主尺上的 0 刻线（见图 8.7）。游标上有 20 个分度，总长为 39 mm。这样，游标上每个分度的长度为 1.95 mm，它比主尺上二个分度差 0.05 mm。当游标附尺向右移 0.05 mm，则游标上第一条分度线就与主尺 2 mm 刻度线对齐，这时外测量爪张开 0.05 mm；游标向右移 0.10 mm，游标第二分度线就与主尺 4 mm 刻度线对齐，外测量爪张开 0.10 mm，依此类推。所以游标附尺在 1 mm 内向右移动的距离，可由游标

中哪一条分度线与主尺某刻线对齐来决定，看是第几条分度线与主尺刻线对得最齐，游标附尺向右移动的距离就是几个 0.05 mm。图 8.8 是图 8.6 中游标位置的放大图，待测物体长度的毫米以上的整数部分看游标"0"刻线指示主尺上的整刻值值，图中所示为 14 mm，毫米以下的小数部分通过观察游标附尺的 20 条分度线来决定，图示为第 9 条分度线与主尺刻度线对得最齐，因而游标附尺的"0"刻线比主尺 14 mm 刻线还错过 0.45 mm，即物体的长度为 14.45 mm。

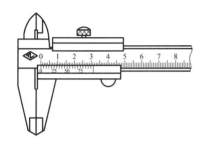

图 8.7 游标长度

图 8.8 游标卡尺的读数

2. 游标卡尺的使用

游标卡尺是精密的测量工具，可用来精密测量工件的宽度、外径、内径、和深度，如图 8.9 所示。

（a）测量工件宽度

（b）测量工件外径

（c）测量工件内径

（d）测量工件深度

图 8.9 游标卡尺的应用

3. 使用游标卡尺的注意事项

使用游标卡尺时应注意如下事项：

（1）游标卡尺是比较精密的测量工具，使用时不要用来测量粗糙的物体，以免损坏量爪；不使用时应置于干燥中性的地方，远离酸碱性物质，防止锈蚀。

（2）测量前应把卡尺揩干净，检查卡尺的两个测量面和测量刃口是否平直无损，把两个量爪紧密贴合时，应无明显的间隙。

（3）移动尺框时，活动要自如，不应有过松或过紧，更不能有晃动现象。

（4）当测量零件的外尺寸时，卡尺两测量面的连线应垂直于被测量表面，不能歪斜。测量时，可以轻轻摇动卡尺。

（5）用游标卡尺测量零件时，不要过分地施加压力，所用压力应使两个量爪刚好接触零件表面。

（6）在游标卡尺上读数时，应把卡尺水平的拿着，使人的视线尽可能和卡尺的刻线表面垂直，以免由于视线的歪斜造成读数误差。

（7）为了获得正确的测量结果，可以多测量几次。即在零件的同一截面上的不同方向进行测量。对于较长零件，则应当在全长的各个部位进行测量，务必获得一个比较正确的测量结果。

8.2.2　百分尺

百分尺是利用螺旋原理制成的精确度很高的测量工具，与游标卡尺相比，其测量精度更高，精确度为 0.01 mm。百分尺主要分为外径百分尺和内径百分尺，其中应用最广泛的是外径百分尺，如图 8.10 所示。

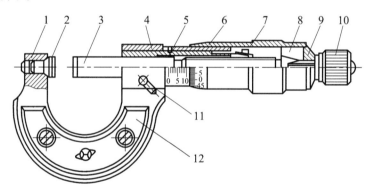

图 8.10　外径百分尺

1—尺架；2—固定测砧；3—测微螺杆；4—螺纹轴套；5—固定刻度套筒；
6—微分筒；7—调节螺母；8—接头；9—垫片；10—测力装置；
11—锁紧螺钉；12—绝热板

1. 工作原理与读数方法

百分尺是应用螺旋读数机构进行测量的，它包括一对精密的螺纹——测微螺杆与螺纹轴套和一对读数套筒——固定套筒与微分筒。用百分尺测量零件的尺寸，就是把被测零件置于百分尺的两个测量面之间。所以两测砧面之间的距离，就是零件的测量尺寸。在百分尺的固定套筒上有上下两排刻度线，刻线每小格为 1 mm，相互错开 0.5 mm。测微螺杆的螺距为 0.5 mm，与螺杆固定在一起的活动套筒的外圆周上有 50 等分的刻度。因此，活动套筒转一周，螺杆轴向移动 0.5 mm。如活动套筒只转一格，则螺杆的轴向位移为：0.5÷50 = 0.01 mm。因此，螺杆轴向位移的小数部分就可从活动套筒上的刻度读出。

读数分为以下步骤：

（1）读出固定套筒上露出的刻线尺寸，一定要注意不能遗漏应读出的 0.5 mm 的刻线值；

（2）读出微分筒上的尺寸，要看清微分筒圆周上哪一格与固定套筒的中线基准对齐，将格数乘以 0.01 mm 即得微分筒上的尺寸；

（3）将上述两部分相加，即总尺寸。

图 8.11 是百分尺的读数示例。图 8.11（a）的读数为：12 + 0.04 = 12.04 mm；图 8.11（b）的读数为：14.0 + 0.18 = 14.18 mm。

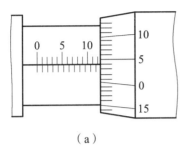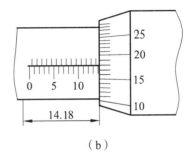

（a）　　　　　　　　　　　　　　　　　　（b）

图 8.11　百分尺的读数示例

2. 百分尺的使用方法

百分尺的使用可分为单手使用法和双手使用法，如图 8.12 所示。

（a）单手使用方法　　　（b）双手使用方法　　　（c）在车床上使用的方法

图 8.12　百分尺的使用方法

3. 使用百分尺的注意事项

使用百分尺时时应注意下列事项：

（1）使用时应先校对零点，若零点未对齐，应根据原始误差修正测量读数；

（2）测量前将测量杆和砧座擦干净，测量时需把工件被测量面擦干净；

（3）工件较大时应放在 V 形铁或平板上测量；

（4）拧活动套筒时需用棘轮装置；

（5）不要拧松后盖，以免造成零位线改变。

8.2.4　百分表

1. 工作原理与读数方法

百分表是一种精度较高的测量仪器，其工作原理是将测尺寸（或误差）引起的测杆微小直线移动，经过齿轮传动和放大，变为指针在刻度盘上的转动，从而读出被测尺寸（或误差）的大小。百分表主要用于测量形状和位置误差，也可用于机床上安装工件时的精密找正。百分表的读数准确度为 0.01 mm。百分表的结构及传动原理如图 8.13 所示。当测量杆 1 向上或向下移动 1 mm 时，通过齿轮传动系统带动大指针 5 转一圈，小指针 7 转一格。刻度盘在圆周上有 100个等分格，各格的读数值为 0.01 mm。小指针每格读数为 1 mm。测量时指针读数的变动量即为尺寸变化量。刻度盘可以转动，以便测量时大指针对准零刻线。

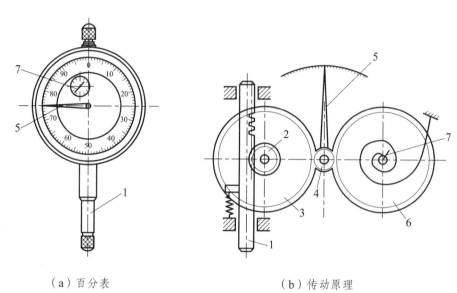

（a）百分表　　　　　　　　　　　　　（b）传动原理

图 8.13　百分表及传动原理

1—测量杆；2、3、4、6—齿轮；5—大指针；7—小指针

2. 百分表的使用

百分表常装在表架上使用，如图 8.14 所示。

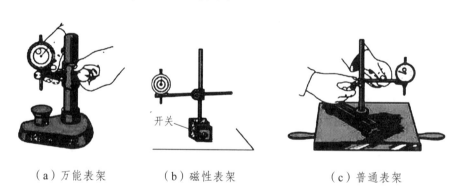

（a）万能表架　　　　（b）磁性表架　　　　（c）普通表架

图 8.14　百分表表架

　　百分表可用来精确测量零件圆度、圆跳动、平面度、平行度和直线度等形位误差，也可用来找正工件，如图 8.15 所示。

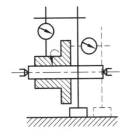
（a）检查外圆对孔的圆跳动

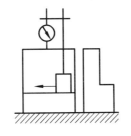
（b）检查工件两面的平行度

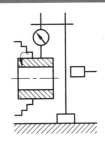
（c）找正外圆

图 8.15　百分表应用举例

3. 使用百分表的注意事项

（1）使用前，应检查测量杆活动的灵活性。测量杆在套筒内的移动要灵活，没有任何轧卡现象，每次手松开后，指针能回到原来的刻度位置。

（2）使用时，必须把百分表固定在可靠的夹持架上。

（3）测量时，不要使测量杆的行程超过它的测量范围，不要使表头突然撞到工件上，也不要用百分表测量表面粗糙度较大或明显有凹凸不平的工件。

（4）测量平面时，百分表的测量杆要和平面垂直，测量圆柱形工件时，测量杆要和工件的中心线垂直，否则，将使测量杆活动不灵或测量结果不准确。

8.2.5　卡规与塞规

在成批大量生产中，为了提高生产效率，常用具有固定尺寸的量具来检验工件，这种量具叫作量规。测量工件尺寸的量规通常制成两个极限尺寸，即最大极限尺寸和最小极限尺寸。测量光滑的孔或轴用的量规叫光滑量规。光滑量规根据用于测量内外尺寸的不同，分卡规和塞规两种。

1. 卡　规

卡规用来在批量生产中测量圆柱形、长方形、多边形等工件的尺寸。图 8.16 所示为常用的一种卡规，卡规制成的最大极限尺寸和最小极限尺寸分别为止端与通端。测量时，如果卡规的通端能通过工件，而止端不能通过工件，则表示工件合格；如果卡规的通端能通过工件，而止端也能通过工件，则表示工件尺寸太小，已成废品；如果通端和止端都不能通过工件，则表示工件尺寸太大，不合格，必须返工。

2. 塞　规

塞规是用来批量测量工件的孔、槽等内尺寸的。它也做成最大极限尺寸和最小极限尺寸两种，即止端与通端，常用的塞规形式如图 8.17 所示，塞规的两头各有一个圆柱体，长圆柱体一端为通端，短圆柱体一端为止端。检查工件时，合格的工件应当能通过通端而不能通过止端。

图 8.16　卡规

图 8.17　塞规

8.2.6　厚薄规

厚薄规是用来检验两个相结合面之间间隙大小的片状量规，如图 8.18 所示。它由一组薄钢片组成，其厚度为 0.03～0.3 mm，横截面为直角三角形，在斜边上有刻度，利用锐角正弦直接将短边的长度表示在斜边上，这样就可以直接读出缝的大小了。

厚薄规使用前必须先清除塞尺和工件上的污垢与灰尘。使用时可用一片或数片重叠插入间隙，以稍感拖滞为宜。测量时动作要轻，不允许硬插。也不允许测量温度较高的零件。

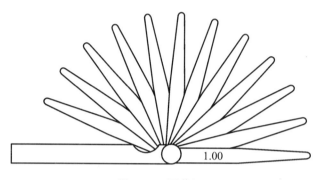

图 8.18　厚薄规

8.3　零件加工质量及检验方法

零件的加工质量包括加工精度和表面质量两个方面的内容。其中加工精度包括尺寸精度、形状精度和位置精度，表面质量的指标有表面粗糙度、表面加工硬化的程度、残余应力的性质和大小。表面质量的主要指标是表面粗糙度。

8.3.1　加工精度

加工精度是指零件加工后的几何参数（尺寸、几何形状和相互位置）与理想零件几何参数相符合的程度，不符合称为偏离，偏离的程度则为加工误差。加工误差的大小反映了加工精度的高低，精度的高低用公差来表示。加工精度包括以下几方面。

1. 尺寸精度

（1）尺寸精度。

尺寸精度是限制加工表面与其基准间尺寸误差不超过一定的范围，它是由尺寸公差（简称公差）控制的。公差值的大小就决定了零件的精确程度，公差值小的，精度高；公差值大的，精度低。

（2）尺寸精度的检验。

检验尺寸精度一般用游标卡尺、百分尺等测量工具，若测得尺寸在最大极限尺寸与最小极限尺寸之间，零件合格。若测得尺寸大于最大实体尺寸，零件不合格，需进一步加工。若测得尺寸小于最小实体尺寸，零件报废。

2. 形状精度

（1）形状精度。

形状精度是限制加工表面的宏观几何形状误差，如圆度、圆柱度、平面度、直线度等。形状的精度用形状公差来控制，按照国家标准（GB1182—80 及 GB1183—80）规定，形状公差有六项，其符号如表 8.1 所示。

表 8.1　形状公差符号

项目	直线度	平面度	圆度	圆柱度	线轮廓度	面轮廓度
符号	—	▱	○	⌭	⌒	⌓

（2）形状精度的检验。

形状精度的检测工具包括直尺、百分表、轮廓测量仪等。形状精度指标主要包括圆度、圆柱度、平面度、直线度等。

圆度，是指工件的横截面接近理论圆的程度，检测的工具为圆度仪。检测圆度时，将被测零件放置在圆度仪上，调整零件的轴线，使其与圆度仪的回转轴线同轴，测量头每转一周，即可显示该测量截面的圆度误差。测量若干个截面，可得出最大误差，即为被测圆柱面的圆度误差。

圆柱度，是指任一垂直截面最大尺寸与最小尺寸差为圆柱度。圆柱度误差包含了轴剖面和横剖面两个方面的误差。圆柱度的公差带是两同轴圆柱面间的区域，该两同轴圆柱面间的径向距离即为公差值。圆柱度检测方法与圆度的测量方法基本相同，所不同的测量头在无径向偏移的情况下，要测若干个横截面，以确定圆柱度误差。

平面度，是指平面具有的宏观凹凸高度相对理想平面的偏差。公差带是距离为公差值的两平行平面之间的区域。平面度检测方法如图 8.19 所示，将水平仪与被测平面接触，在各个方面检测其中最大缝隙的读数值，即为平面度误差。

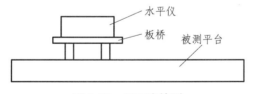

图 8.19　平面度检测

直线度，是指在一平面上所给定方向上的距离为公差值的两平行直线之间的区域。直线度检测方法如图 8.20 所示，将刀口形直尺沿给定方向与被测平面接触，并使两者之间的最大缝隙为最小，测得的最大缝隙即为此平面在该素线方向的直线度误差。当缝隙很小时，可根据光隙估计；当缝隙较大时可用塞尺测量。

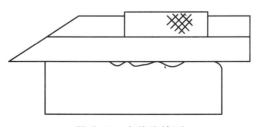

图 8.20　直线度检测

3. 位置精度及其检验

（1）位置精度。

位置精度是限制加工表面与其基准间的相互位置误差，由于加工技术与手段的制约，零件表面的相互位置存在偏差是不可避免的。按照国家标准（GB1182—80 及 GB1183—80）规定，相互位置精度用位置公差来控制。位置公差有 8 项，其符号如表 8.2 所示。

表 8.2 位置公差符号

项目	平行度	垂直度	倾斜度	位置度	同轴度	对称度	圆跳动	全跳动
符号	//	⊥	∠	⊕	◎	=	↗	↗↗

（2）常用位置精度的检验。

位置精度指标主要包括垂直度、平行度、同轴度和圆跳动等，一般用游标卡尺、百分表、直角尺等测量工具来检验。

垂直度，用来评价直线之间、平面之间或直线与平面之间的垂直状态。当以平面为基准时，若被测要素为平面，则其垂直度公差带的距离为垂直度的公差值；被测要素为直线轴时候，垂直度的公差值表示轴与平面所成角度与90°所产生偏差的公差百分比。垂直度检测用量角器或垂直度量测仪。

图 8.21 是电梯 T 形导轨端面对底部加工面与导向面中心平面的垂直度检测。

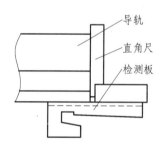 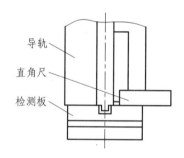

（a）端面对底部加工面垂直度检测　　（b）端面对导向面中心平面的垂直度检测

图 8.21 垂直度检测

平行度，用来评价直线之间、平面之间或直线与平面之间的平行状态。平行度公差带是距离为公差值，且平行于基准面（或线）的两平行平（或线）之间的区域。平行度通常用百分表来检测。如图 8.22 所示，将被测零件放置在平板上，移动百分表，在被测表面上按规定测量进行测量，百分表最大与最小读数之差值，即为平行度误差。

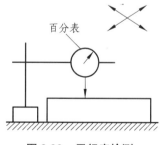 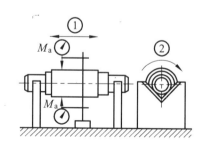

图 8.22 平行度检测　　　　**图 8.23 同轴度检测**

同轴度，用来反映的是被测轴线对基准轴线（理论正确位置）的偏差程度。它的公差带是直径为公差值，且与基准轴线同轴圆柱面内的区域。同轴度通常用百分表或轴度校准仪来测量，如图 8.23 所示,将基准面的轮廓表面的中段放置在两高的刃口状 V 形铁上。先沿轴向截面测量，在径向截面的上下分别放置百分表，测得各对应点的 Ma 与 Mb 差的绝对值，然后转动零件，按上述方法测量若干个轴向截面，取各截面的 Ma 与 Mb 差的绝对值的最大值，这个最大值即为作为该零件的同轴度误差。

圆跳动，是被测零件绕基准轴线回转一周时，由位置固定的指示器在给定方向上测得的最大与最小读数之差；径向圆跳动公差带是在垂直于基准轴线的任一测量平面内半径差为公差值，且圆心在基准轴线上的两个同心圆之间的区域。圆跳动参数通常用百分表来检测。

8.3.2 表面粗糙度

1. 表面粗糙度及其评定参数

表面粗糙度，是指加工表面具有的较小间距和微小峰谷不平度。其两波峰或两波谷之间的距离（波距）很小，因此属于微观几何形状误差。表面粗糙度越小，则表面越光滑。表面粗糙度的大小，对机械零件的使用性能有很大的影响。

表面粗糙度的评定参数有：轮廓算术平均偏差 Ra；轮廓最大高度 Rz。参数值可给出极限值，也可给出取值范围。由于参数 Ra 较能客观地反映表面微观不平度，所以被广泛使用。参数 Rz 在反映表面微观不平程度上不如 Ra，但易于在光学仪器上测量，特别适用于超精加工零件表面粗糙度的评定。

2. 表面粗糙度代号

（GB/T131—1993）规定，表面粗糙度代号是由规定的符号和有关参数组成，表面粗糙度符号的画法和意义如表 8.3 所示。

表 8.3 表面粗糙度的符号和画法

序号	符 号	意 义
1	√	基本符号，表示表面可用任何方法获得。当不加注粗糙度参数值或有关说明时，仅适用于简化代号标注
2	⩗	表示表面是用去除材料的方法获得，如车、铣、钻、磨
3	⩔	表示表面是用不去除材料的方法获得，如铸、锻、冲压、冷轧等
4	⫪ ⫪ ⫪	在上述三个符号的长边上可加一横线，用于标注有关参数或说明
5	⫫ ⫫ ⫫	在上述三个符号的长边上可加一小圆，表示所有表面具有相同的表面粗糙度要求
6	3.5 / 60° ∞	当参数值的数字或大写字母的高度为 2.5 mm 时，粗糙度符号的高度取 8 mm，三角形高度取 3.5 mm，三角形是等边三角形。当参数值不是 2.5 mm 时，粗糙度符号和三角形符号的高度也将发生变化

3. 常用表面粗糙度 Ra 的数值与加工方法

常用加工方法所能达到的表面粗糙度 Ra 值如表 8.4 所示。

表 8.4　常用表面粗糙度 R_a 的数值与加工方法

表面特征	表面粗糙度（R_a）数值	加工方法举例
明显可见刀痕	100 50 25	粗车、粗刨、粗铣、钻孔
微见刀痕	12.5 6.3 3.2	精车、精刨、精铣、粗铰、粗磨
看不见加工痕迹，微辨加工方向	1.6 0.8 0.4	精车、精磨、精铰、研磨
暗光泽面	0.2 0.1 0.05	研磨、珩磨、超精磨

思考与练习

8.1　切削用量是什么？包括哪些主要参数？

8.2　硬质合金刀具包括哪些？主要用途是什么？

8.3　画图表示下列刀具的前角、后角、主偏角、副偏角和刃倾角。

　　　a. 外圆车刀　　　b. 端面车刀　　　c. 切断刀

8.4　怎样使用游标卡尺？使用时应注意哪些事项？

8.5　试说明百分尺的读数方法和使用注意事项。

8.6　零件的加工质量包含哪些方面的内容？

8.7　形状精度主要有哪些项目？试分别说明各自的检验方法。

8.8　位置精度主要有哪些项目？

8.9　什么是粗糙度？粗糙度的评定有哪些？

第 9 章 车 削

车床加工是机械加工的一部分，车床加工主要用车刀对旋转的工件进行车削加工。在车床上还可用钻头、扩孔钻、铰刀、丝锥、板牙和滚花工具等进行相应的加工。车床主要用于加工轴、盘、套和其他具有回转表面的工件，是机械制造和修配工厂中使用最广的一类机床加工。例如，车削外圆，工件需要作旋转运动，车刀需要作纵向的直线进给运动，如图 9.1 所示。

车削主要用于回转体表面的加工，车削加工主要工艺范围如图 9.2 所示，加工的尺寸公差等级为 IT11 ~ IT6，表面粗糙度 Ra 值为 12.5 ~ 0.8 μm。

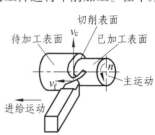

图 9.1 车削外圆示意图

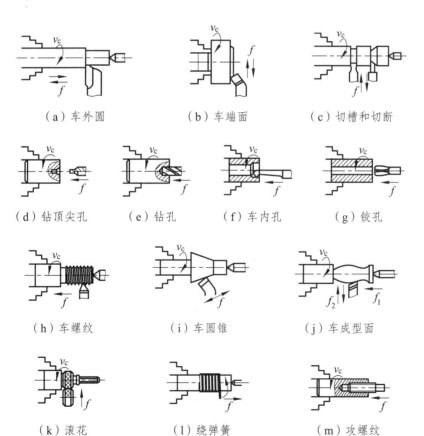

（a）车外圆 （b）车端面 （c）切槽和切断

（d）钻顶尖孔 （e）钻孔 （f）车内孔 （g）铰孔

（h）车螺纹 （i）车圆锥 （j）车成型面

（k）滚花 （l）绕弹簧 （m）攻螺纹

图 9.2 车削加工工艺范围

9.1 卧式车床

9.1.1 卧式车床结构

1. 型 号

卧式车床用 C62×××来表示，其中 C——机床类型的代号，表示车床类机床；6——机床组别代号，表示普通卧式落地车床；2——型系列代号：马鞍车床（落地车床为 0，普通车床为1，马鞍车床为 2，……）。其他表示车床的有关参数和改进号，如 C6232A 型卧式车床中"32"表示主要参数代号（最大回转直径为 320 mm），"A"表示重大改进序号（第一次重大改进）。

2. 卧式车床各部分的名称和用途

C6232A 普通车床的外形如图 9.3 所示。

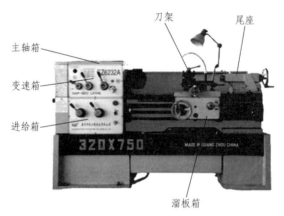

图 9.3　C6232A 普通车床的外形

（1）变速箱，用来改变主轴的转速，主要由传动轴和变速齿轮组成。通过操纵变速箱和主轴箱外面的变速手柄来改变齿轮或离合器的位置，可使主轴获得 12 种不同的速度，主轴的反转是通过电动机的反转来实现的。

（2）主轴箱，内有主轴部件和主运动变速机构，调整这些变速机构，可得到不同的主轴转向、转速和切削速度。主轴的前端能安装卡盘或顶尖等用于夹持工件，工件在主轴的带动下实现回转主运动。

（3）挂轮箱，用来搭配不同齿数的齿轮，以获得不同的进给量。主要用于车削不同种类的螺纹。

（4）进给箱，内有进给运动变速机械；主轴箱的运动通过挂轮传给进给箱，进给箱再通过光杠（或丝杠）将运动传给床鞍及刀架，改变机动进给量的大小（或螺纹的导程）。

（5）溜板箱，固定在床鞍的前侧，用途是把进给箱传来的运动传递给刀架，使刀架作纵向（或横向）进给、车螺纹或快速运动。

（6）刀架，主要由方刀架、小滑板、中滑板、转盘以及床鞍组成。刀架的作用是装夹车刀并使车刀作纵向、横向或斜向进给运动。刀架结构如图 9.4 所示。

方刀架安装在小滑板上，可同时装夹 4 把车刀，松开锁紧手柄，即可转动方刀架，把所需要的车刀更换到工作位置上；小滑板安装在中滑板上，并可沿中滑板上的导轨移动；中滑板安装在床鞍上，并可以沿床鞍上的导轨移动；转盘与中滑板用螺钉紧固，松开螺钉便可在水平面内扳转任意角度。床鞍安装在床身上，并可以沿床身上的纵向导轨移动。

（7）尾座，用于安装后顶尖以支持工件，或安装钻头、铰刀等刀具进行孔加工。尾座的结构如图 9.5 所示，它主要由套筒、尾座体、底座等几部分组成。转动手轮，可调整套筒伸缩一定距离，并且尾座还可沿床身导轨推移至所需位置，以适应不同工件加工的要求。

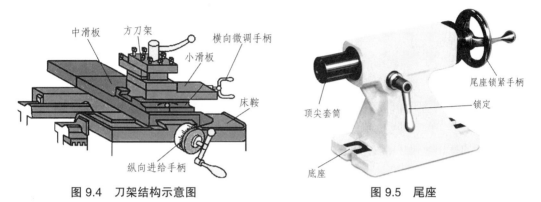

图 9.4　刀架结构示意图　　　　　　　　　图 9.5　尾座

（8）床身，固定在床腿上，床身是车床的基本支承件，床身的功用是支承各主要部件并使它们在工作时保持准确的相对位置。

9.1.2　卧式车床的各种手柄和基本操作

1. 卧式车床的调整及手柄的使用

C6232A 车床（见图 9.6）的调整主要通过变换相应的手柄位置进行的。

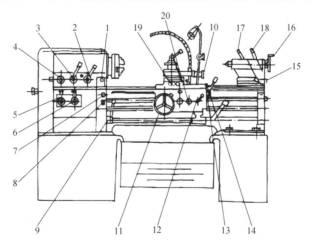

图 9.6　C6232A 车床的结构示意图

1—电机变速开关；2，3—主轴变速手柄；4—左右螺纹转换手柄；5，6—螺距进给量选择手柄；
7—急停按钮；8—冷却泵开关；9—正反车手柄；10—小刀架进给手柄；
11—床鞍纵向移动手轮；12—开合螺母手柄；13—床鞍锁紧螺钉；
14—纵横进给选择手柄；15—尾座调整螺钉；16—套筒移动手轮；
17—套筒夹紧手柄；18—尾座体锁紧手柄；
19—刀架横向移动手轮；
20—手泵润滑手柄

2. 卧式车床的基本操作

（1）停车练习（主轴正反转及停止手柄 9 在停止位置）。

① 正确变换主轴转速。变动变速箱和主轴箱外面的变速手柄 2、3，可得到各种相对应的主轴转速。当手柄拨动不顺利时，可用手稍转动卡盘即可。

② 正确变换进给量。按所选的进给量查看进给箱上的标牌，再按标牌上进给变换手柄位置来变换手柄 5 和 6 的位置，即得到所选定的进给量。

③ 熟悉掌握纵向和横向手动进给手柄的转动方向。左手握纵向进给手动手轮 11，右手握横向进给手动手柄 19。分别顺时针和逆时针旋转手轮，操纵刀架和溜板箱的移动方向。

④ 熟悉掌握纵向或横向机动进给的操作。将纵横进给选择手柄 14 向下压即可纵向进给，如将纵横进给选择手柄 14 向上提起即可横向机动进给。分别向中间扳动则可停止纵向、横向机动进给。

⑤ 尾座的操作。尾座靠手动移动，其固定靠紧固螺栓螺母。转动尾座移动套筒手轮 16，可使套筒在尾架内移动，转动尾座锁紧手柄 18，可将套筒固定在尾座内。

（2）低速开车练习。

练习前应先检查各手柄位置是否正确，无误后进行低速开车练习。

① 主轴启动—电动机启动—操纵主轴转动—停止主轴转动—关闭电动机；

② 机动进给—电动机启动—操纵主轴转动—手动纵横进给—机动纵横进给—手动退回—机动横向进给—手动退回—停止主轴转动—关闭电动机。

9.2 车刀的结构及安装

9.2.1 车刀的结构

车刀是由刀头和刀杆两部分组成，刀头是车刀的切削部分，刀杆是车刀的夹持部分。车刀从结构上分为四种形式，即整体式、焊接式、机夹式、可转位式车刀，如图 9.7 所示。

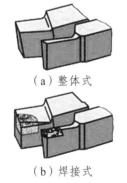

（a）整体式

（b）焊接式

（c）机夹式

（d）可转位式

图 9.7 车刀结构

9.2.2 车刀的安装

车刀必须正确牢固地安装在刀架上，如图 9.8 所示。安装车刀应注意以下几点：

（1）刀头不宜伸出太长，否则切削时容易产生振动，影响工件加工精度和表面粗糙度。一般刀头伸出长度不超过刀杆厚度的两倍。

（2）刀尖应与车床主轴中心线等高。车刀装得太高，后刀面与工件加剧摩擦；装得太低，切削时工件会被抬起。刀尖的高低，可根据尾架顶尖高低来调整。

（3）车刀底面的垫片要平整，并尽可能用厚垫片，以减少垫片数量。调整好刀尖高低后，至少要用两个螺钉交替将车刀拧紧。

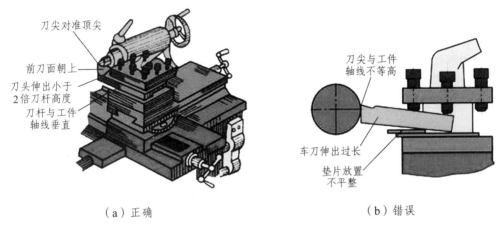

（a）正确　　　　　　　　　　（b）错误

图 9.8　车刀安装示意图

9.3　车外圆、端面和台阶

9.3.1　车外圆

车外圆就是将工件装夹在卡盘上作旋转运动，车刀安装在刀架上作纵向移动。车削这类零件时，除了要保证图样的标注尺寸、公差和表面粗糙度外，一般还应注意形位公差的要求，如垂直度和同轴度的要求。

常用的量具有钢直尺、游标卡尺和分厘卡尺等。

1. 外圆车刀的选择

常用外圆车刀有尖刀、弯头刀和偏刀。外圆车刀常用主偏角有 15°、75°、90°。

车外圆可用图 9.9 所示的各种车刀。尖刀主要用于粗车外圆和没有台阶或台阶不大的外圆。弯刀头用于车外圆、端面和有 45° 斜面的外圆，特别是 45° 弯头刀应用较为普遍。主偏角为 90° 的左右偏刀，在车外圆时，径向力很小，常用来车削细长轴的外圆。加工台阶轴和细长轴则常用偏刀。

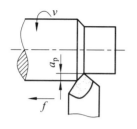
（a）尖刀车外圆

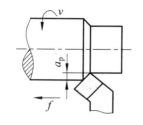
（b）45°弯头刀车外圆

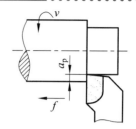
（c）偏刀车外圆

图 9.9　车外圆的几种情况

2. 外圆车刀的安装要点

（1）刀尖应与工件轴线等高。

（2）车刀刀杆应与工件轴线垂直。

（3）刀杆伸出刀架不宜过长，一般为刀杆厚度的 1.5~2 倍。

（4）刀杆垫片应平整，尽量用厚垫片，以减少垫片数量。

（5）车刀位置调整好后应紧固。

3. 工件的安装

在车床上装夹工件的基本要求是定位准确，夹紧可靠。所以车削时必须把工件夹在车床的夹具上，经过校正、夹紧，使它在整个加工过程中始终保持正确的位置，这个工作叫作工件的安装。在车床上安装工件应使被加工表面的轴线与车床主轴回转轴线重合，保证工件处于正确的位置；同时要将工件夹紧，以防止在切削力的作用下，工件松动或脱落，保证工作安全。

车床上安装工件的通用夹具（车床附件）很多，其中三爪卡盘用得最多，如图 9.13 所示。由于三爪卡盘的三个爪是同时移动自行对中的，故适宜安装短棒或盘类工件。反三爪用以夹持直径较大的工件。由于制造误差和卡盘零件的磨损等原因，三爪卡盘的定心准确度约为 0.05~0.15 mm。工件上同轴度要求较高的表面，应在一次装夹中车出。

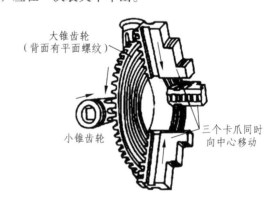

图 9.10　三爪卡盘

三爪卡盘安装工件的步骤：

（1）工件在卡爪间放正，轻轻夹紧。

（2）开机，使主轴低速旋转，检查工件有无偏摆。若有偏摆，应停车后，轻敲工件纠正，然后拧紧三个卡爪，紧固后，须随即取下扳手，以保证安全。

（3）移动车刀至车削行程的最左端，用手转动卡盘，检查是否与刀架相撞。

4. 车外圆的操作步骤

车刀和工件在车床上安装以后，即可开始车削加工。在加工中必须按照如下步骤进行：

（1）选择主轴转速和进给量，调整有关手柄位置。

（2）对刀，移动刀架，使车刀刀尖接触工件表面，对零点时必须开车。

（3）对完刀后，用刻度盘调整切削深度。在用刻度盘调整切深时，应了解中滑板刻度盘的刻度值，就是每转过一小格时车刀的横向切削深度值。然后根据切深，计算出需要转过的格数。

（4）试切。检查切削深度是否准确。横向进刀，试切步骤如图 9.11 所示。

在车削工件时要准确、迅速地控制切深，必须熟练地使用中滑板的刻度盘。中滑板刻度盘装在横丝杠轴端部，中滑板和横丝杠的螺母紧固在一起。由于丝杠与螺母之间有一定的间隙，进刻度时必须慢慢地将刻度盘转到所需的格数。如果刻度盘手柄摇过了头或试切后发现尺寸太小而须退刀时，为了消除丝杠和螺母之间的间隙，应反转半周左右，再转至所需的刻度值上。

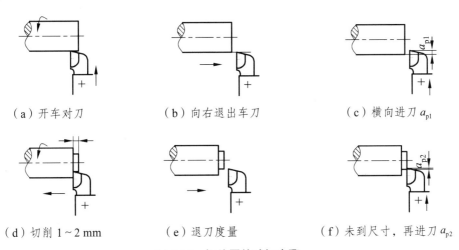

（a）开车对刀　　（b）向右退出车刀　　（c）横向进刀 a_{p1}

（d）切削 1～2 mm　　（e）退刀度量　　（f）未到尺寸，再进刀 a_{p2}

图 9.11　切外圆的试切步骤

（5）纵向自动进车外圆。

（6）测量外圆尺寸。对刀、试切、测量是控制工件尺寸精度的必要手段，是车床操作者的基本功，一定要熟练掌握。

9.3.2　车端面

用车削的方法加工与主轴轴线垂直的平面称为车端面。常用的车刀是偏刀和弯头车刀，其加工方法如图 9.12 所示。

车削端面，可用卡盘将工件夹持，露出端面。车削前必须将刀尖对准旋转中心，以免最后在端面中心处留出凸台。同时，车削端面时，切削速度由外圆向中心逐渐减少，当切削速度降低时，表面粗糙度值增大，因此切削速度可比车外圆高一些。

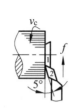 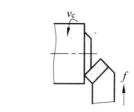 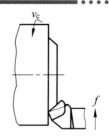

（a）右偏刀车端面　　　（b）45°弯头刀车端面　　　（c）左偏刀车端面

图 9.12　车端面

车端面应注意以下几点：

（1）车刀的刀尖应对准工件中心，以免车出的端面中心留有凸台。

（2）偏刀车端面，当背吃刀量较大时，容易扎刀。背吃刀量 a_p 的选择：粗车时 $a_p = 0.2 \sim$ 1 mm；精车时 $a_p = 0.05 \sim 0.2$ mm。

（3）端面的直径从外到中心是变化的，切削速度也在改变，在计算切削速度时必须按端面的最大直径计算。

（4）车直径较大的端面，若出现凹心或凸肚时，应检查车刀和方刀架，以及大拖板是否锁紧。

9.3.3　车台阶

所谓台阶，就是在一根长轴上相邻两段不同直径的圆柱。根据相邻两圆柱直径之差，相差高度小于 5 mm 为低台阶，可一次走刀车出；大于 5 mm 为高台阶，需经若干次走刀完成；如图 9.13 所示。

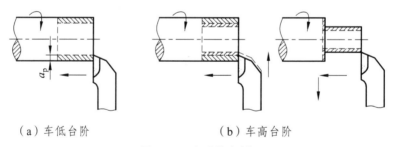

（a）车低台阶　　　　　　　　　（b）车高台阶

图 9.13　台阶的车削

车台阶时，常用角尺安装偏刀，以保证主切削刃与工件轴线垂直，如图 9.14 所示。台阶长度一般用钢直尺来确定，用尖刀划出痕迹。车削台阶的方法与车削外圆基本相同，但在车削时应兼顾外圆直径和台阶长度两个方向的尺寸要求，还必须保证台阶平面与工件轴线的垂直度要求。

台阶的车削实际上是车外圆和车端面的综合，其车削方法与车外圆没有什么显著的区别，主要应注意以下几点：

（1）车削台阶时，需要兼顾外圆的尺寸和台阶长度的要求，准确掌握台阶长度尺寸的关键是必须按图纸找出正确的测量基准（对于多台阶的工件尤为重要），否则将会产生积累误差而造成废品。

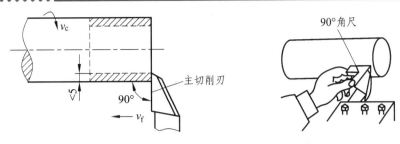

图 9.14 车台阶安装偏刀

（2）相邻两圆柱体直径差值较小的低台阶可以用车刀一次车出。由于台阶面应与工件轴线垂直，所以必须用 90° 偏刀车削，装刀时要使主刀刃与工件轴线垂直。

（3）相邻两圆柱体直径差值较大的高台阶宜用分层切削。粗车时可先用小于 90° 的车刀进行车削，再用主偏角为 93°～95° 车刀，用几次走刀来完成。在最后一次走刀时，车刀在纵走刀结束后，用手摇动中拖板手柄，将车刀慢而均匀地退出，把台阶面车一刀，使台阶与工件外圆垂直。

9.4 切槽、切断、车成型面

9.4.1 切 槽

在工件表面上车沟槽的方法叫切槽，如图 9.15 所示。槽的形状有外槽、内槽和端面槽。常选用高速钢切槽刀切槽，切槽刀的几何形状和角度如图 9.16 所示。

图 9.15 切槽加工

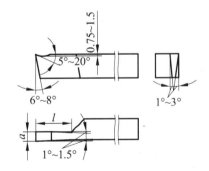

图 9.16 高速钢切槽刀

2. 切槽的方法

车削精度不高的和宽度较窄的矩形沟槽，可以用刀宽等于槽宽的切槽刀，采用直进法一次车出。精度要求较高的，一般分两次车成。

车削较宽的沟槽，可用多次直进法切削，并在槽的两侧留一定的精车余量，然后根据槽深、槽宽精车至尺寸。

车削较小的圆弧形槽，一般用成型车刀车削。较大的圆弧槽，可用双手联动车削，用样板检查修整。

车削较小的梯形槽,一般用成型车刀完成,较大的梯形槽,通常先车直槽,然后用梯形刀直进法或左右切削法完成。

9.4.2 切 断

切断要用切断刀,如图 9.17 所示。切断刀的形状与切槽刀相似,但因刀头窄而长,很容易折断。常用的切断方法有直进法和左右借刀法两种,如图 9.18 所示。直进法常用于切断铸铁等脆性材料;左右借刀法常用于切断钢等塑性材料。

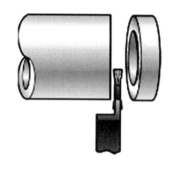

图 9.17 切断方法

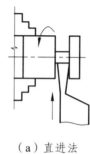
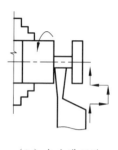

（a）直进法　　　　（b）左右进刀法

图 9.18 在卡盘上切断

切断时应注意以下几点:

（1）切断一般在卡盘上进行,如图 9.19 所示。工件的切断处应距卡盘近些,避免在顶尖安装的工件上切断。

（2）切断刀刀尖必须与工件中心等高,否则切断处将剩有凸台,且刀头也容易损坏,如图 9.20 所示。

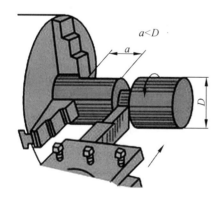

图 9.19 在卡盘上切断图

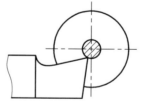
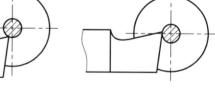

（a）切断刀安装过低,　　（b）切断刀装过高,刀具后面
　　不易切削　　　　　　　　顶住工件,刀头易被压断

图 9.20 切断刀刀尖必须与工件中心等高

（3）切断刀伸出刀架的长度不要过长,进给要缓慢均匀。将切断时,必须放慢进给速度,以免刀头折断。

（4）切断钢件时需要加切削液进行冷却润滑，切铸铁时一般不加切削液，但必要时可用煤油进行冷却润滑。

9.5　车圆锥面

将工件车削成圆锥表面的方法称为车圆锥。常用车削锥面的方法有宽刀法、转动小刀架法、靠模法、尾座偏移法等几种。

9.5.1　宽刀法

车削较短的圆锥时，可以用宽刃刀直接车出，如图 9.21 所示。其工作原理实质上是属于成
型法，所以要求切削刃必须平直，切削刃与主轴轴线的夹角应等于工件圆锥半角 $\alpha/2$。同时要求车床有较好的刚性，否则易引起振动。当工件的圆锥斜面长度大于切削刃长度时，可以用多次接刀方法加工，但接刀处必须平整。

特点：宽刃刀刃必须平直，刃倾角为零，主偏角等于工件的圆锥斜角（α）；安装车刀时，必须保持刀尖与工件回转中心等高；加工的圆锥面不能太长，要求机床-工件-刀具系统必须具有足够的刚度；此法加工的生产率高，工件表面粗糙度值 Ra 可达 6.3 ~ 1.6 μm。

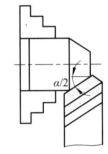

图 9.21　用宽刃刀车削圆锥

应用：适用于大批量生产中加工锥度较大，长度较短的内、外圆锥面。

9.5.2　转动小刀架法

当加工锥面不长的工件时，可用转动小刀架法车削。车削时，将小滑板下面的转盘上螺母
松开，把转盘转至所需要的圆锥半角 $\alpha/2$ 的刻线上，与基准零线对齐，然后固定转盘上的螺母，如果锥角不是整数，可在锥附近估计一个值，试车后逐步找正，如图 9.22 所示。

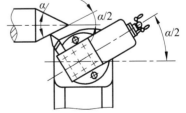

图 9.22　转动小滑板车圆锥

9.5.3　尾座偏移法

当车削锥度小，锥形部分较长的圆锥面时，可以用偏移尾座的方法，如图 9.23 所示。将尾座上滑板横向偏移一个距离 S，使偏位后两顶尖连线与原来两顶尖中心线相交一个 $\alpha/2$ 角度，尾座的偏向取决于工件大小头在两顶尖间的加工位置。尾座的偏移量与工件的总长有关，如图 9.23 所示，尾座偏移量可用下列公式计算：

$$S = \frac{D-d}{2L} L_0$$

式中：S——尾座偏移量；

　　　L——锥体部分长度；

　　　L_0——工件总长度；

　　　D、d——锥体大头直径和锥体小头直径。

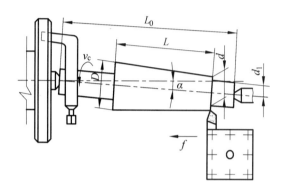

图 9.23　偏移位座法车削圆锥

9.6　孔加工

车床上可以用钻头、镗刀、扩孔钻头、铰刀进行钻孔、镗孔、扩孔和铰孔。下面介绍钻孔和镗孔的方法。

9.6.1　钻　孔

利用钻头将工件钻出孔的方法称为钻孔。钻孔的精度等级较低，一般公差等级为 IT10 以下，表面粗糙度为 $Ra12.5\ \mu m$，多用于粗加工孔。在车床上钻孔如图 9.24 所示，工件装夹在卡盘上，钻头安装在尾架套筒锥孔内。钻孔前先车平端面并车出一个中心孔或先用中心钻钻中心孔作为引导。钻孔时，摇动尾架手轮使钻头缓慢进给，注意经常退出钻头排屑。钻孔进给不能过猛，以免折断钻头。钻钢料时还应加切削液。

9.6.2　镗　孔

在车床上对工件的孔进行车削的方法叫镗孔（又叫车孔），镗孔可以作粗加工，也可以作精加工。镗孔分为镗通孔和镗不通孔，如图 9.25 所示。镗通孔基本上与车外圆相同，只是进刀和退刀方向相反。粗镗和精镗内孔时也要进行试切和试测，其方法与车外圆相同。镗通孔常用普通镗刀，为减小径向切削分力，以减小刀杆弯曲变形，一般主偏角为 45°～75°，常取 60°～70°，不通孔镗刀主偏角常大于 90°，一般取 95°～100°，刀头处宽度应小于孔的半径。

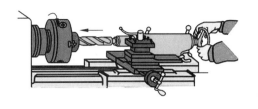

图 9.24 车床上钻孔

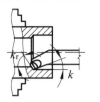

（a）车通孔

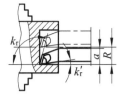

（b）车不通孔

图 9.25 车孔

9.7 车螺纹

螺纹零件广泛应用于机械产品，螺纹零件的功能是连接和传动。例如，车床主轴与卡盘的连接，方刀架上螺钉对刀具的紧固，丝杠与螺母的传动等。螺纹的种类很多，按牙型分有三角螺纹、梯形螺纹、方牙螺纹等。各种螺纹又有右旋、左旋和单线、多线之分，其中以单线、右旋的普通螺纹应用最广。

将工件表面车削成螺纹的方法称为车螺纹。螺纹按牙型分主要有三角螺纹、方牙螺纹、梯形螺纹等，如图 9.26 所示。其中，普通公制三角螺纹应用最广。

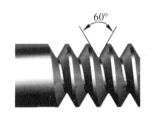

（a）三角螺纹

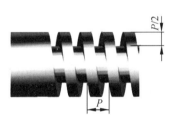

（b）方牙螺纹

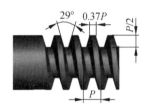

（c）梯形螺纹

图 9.26 常见的螺纹类型

9.7.1 普通三角螺纹的基本牙型

普通三角螺纹的基本牙型如图 9.27 所示，各基本尺寸的名称如下：

D——内螺纹大径（公称直径）；

d——外螺纹大径（公称直径）；

D_2——内螺纹中径；

d_2——外螺纹中径；

D_1——内螺纹小径；

d_1——外螺纹小径；

P——螺距；

H——原始三角形高度。

决定螺纹的基本要素有三个：

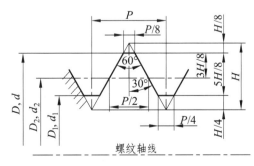

图 9.27 普通三角螺纹基本牙型

（1）牙型角 α，螺纹轴向剖面内螺纹两侧面的夹角。公制螺纹$\alpha = 60°$，英制螺纹$\alpha = 55°$。

（2）螺距 P，是沿轴线方向上相邻两牙间对应点的距离。

（3）螺纹中径 $D_2(d_2)$，是平螺纹理论高度 H 的一个假想圆柱体的直径。在中径处的螺纹牙厚和槽宽相等。只有内外螺纹中径都一致时，两者才能很好地配合。

9.7.2 车削外螺纹的方法与步骤

1. 准备工作

（1）安装螺纹车刀时，车刀的刀尖角等于螺纹牙型角 $\alpha = 60°$，其前角 $\gamma_0 = 0°$ 才能保证工件螺纹的牙型角，否则牙型角将产生误差。只有粗加工时或螺纹精度要求不高时，其前角可取 $\gamma_0 = 5° \sim 20°$。安装螺纹车刀时刀尖对准工件中心，并用样板对刀，以保证刀尖角的角平分线与工件的轴线相垂直，车出的牙型角才不会偏斜，如图9.28所示。

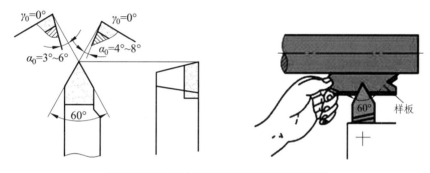

图 9.28　螺纹车刀几何角度与用样板对刀

（2）按螺纹规格车螺纹外圆，并按所需长度刻出螺纹长度终止线。先将螺纹外径车至尺寸，然后用刀尖在工件上的螺纹终止处刻一条微可见线，以它作为车螺纹的退刀标记。

（3）根据工件的螺距 P，查机床上的标牌，然后调整进给箱上手柄位置及配换挂轮箱齿轮的齿数以获得所需要的工件螺距。

（4）确定主轴转速。初学者应将车床主轴转速调到最低速。

2. 车螺纹的方法和步骤

（1）确定车螺纹切削深度的起始位置，将中滑板刻度调到零位，开车，使刀尖轻微接触工件表面，然后迅速将中滑板刻度调至零位，以便于进刀记数，如图9.29（a）、（b）所示。

（2）试切第一条螺旋线并检查螺距。将床鞍摇至离工件端面8~10 mm处，横向进刀0.05 mm左右。开车，合上开合螺母，在工件表面车出一条螺旋线，至螺纹终止线处退出车刀，开反车把车刀退到工件右端；停车，用钢尺检查螺距是否正确；如图9.29（c）所示。

（3）用刻度盘调整背吃刀量，开车切削，如图9.29（d）所示。螺纹的总背吃刀量 a_p 与螺距的关系按经验公式 $a_p \approx 0.65P$，算得背吃刀量约0.1 mm。

（4）车刀将至终点时，应做好退刀停车准备，先快速退出车刀，然后开反车退出刀架，如图9.29（e）所示。

（5）再次横向进刀，继续切削至车出正确的牙型，如图9.29（f）所示。

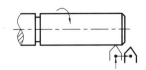

（a）开车，使车刀与工件轻微接触，
记下刻度盘读数。向右退出车刀

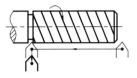

（b）合上对开螺母，在工件表面车出
一条螺旋线。横向退出车刀，停车

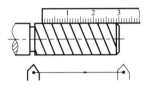

（c）开反车使车刀退到工件右端，停车。
用钢尺检查螺距是否正确

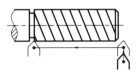

（d）利用刻度盘调整切深。开车切削，
车钢料时加机油润滑

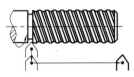

（e）车刀将至行程终了时，应作好退刀停车准备。
先快速退出车刀，然后停车。开反车退回刀架

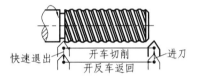

（f）再次横向切入，继续切削。
其切削过程如图中路线所示

图 9.29 螺纹切削方法与步骤

9.7.3 螺纹车削注意事项

（1）刀尖必须与工件旋转中心等高。

（2）刀尖角的平分线必须与工件轴线垂直。因此，要用对刀样板对刀。

（3）车螺纹时，车刀的移动是靠开合螺母与丝杠的啮合来带动的，一条螺纹槽需经过多次走刀才能完成。当车完一刀再车另一刀时，必须保证车刀总是落在已切出的螺纹槽中，否则就叫"乱扣"，致使工件报废。产生"乱扣"的主要原因是车床丝杠的螺距 $P_{丝}$ 与工件的螺距 $P_{工}$ 不是整数倍而造成的。当 $P_{丝}/P_{工}$ 为整数时，每次走刀之后，可打开"开合螺母"，车刀横向退出，纵向摇回刀架，不会发生"乱扣。"

思考与练习

9.1 车床的车刀安装高度与哪个位置对准？

9.2 车床大多都是加工圆的工件，如果有加工方形的工件怎样进行装夹？

9.3 车床加工时车刀及工件会发热，如何避免其温度的不断升高？

9.4 车床每次要停下来由于转动的惯性而要一段时间才能停下来，有没有什么方法让机床快速停下？

9.5 切断加工过程中如果刀具高温或振动过大是什么可能的原因导致的？

9.6 车削螺纹要注意什么？

第10章 铣削、刨削和磨削

10.1 铣 削

在铣床上用铣刀对工件进行切削加工的方法称为铣削，主要动作是刀具的旋转及刀具与工件的相对移动。铣削加工可用于平面、沟槽、齿形、钻孔、曲面等加工，图10.1所示为铣削加工应用的示例。铣削加工的精度一般可达 IT7～IT10 级，表面粗糙度 Ra 值为 1.6～6.3 μm。

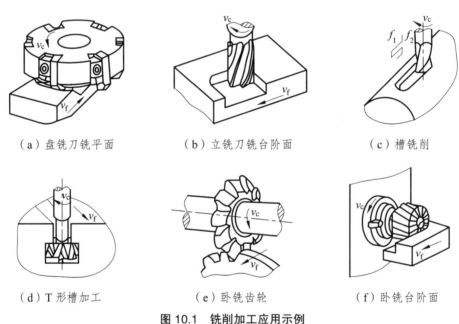

（a）盘铣刀铣平面　　　　　（b）立铣刀铣台阶面　　　　　（c）槽铣削

（d）T 形槽加工　　　　　（e）卧铣齿轮　　　　　（f）卧铣台阶面

图 10.1　铣削加工应用示例

铣床的种类很多，最常见的是立式铣床、卧式铣床和龙门铣床，以适应不同的加工需要。

10.1.1　立式铣床

立式铣床是一种通用金属切削机床，工作时刀具是立式安装，机床的主轴锥孔可直接或通过附件安装各种圆柱铣刀、成型铣刀、端面铣刀、角度铣刀等刀具。图10.2 所示为国内常用的一种立式铣床。立式铣床主轴可在垂直平面内顺、逆时针调整±45°，X、Y、Z 三方向手动进给。

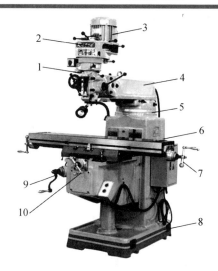

图 10.2　立式铣床

1—主轴；2—主轴变速机构；3—电机；4—横梁；

5—立柱；6—工作台；7—X 进给手柄；

8—床身；9—Z 进给手柄；

10—Y 进给手柄

10.1.2　卧式万能铣床

常见的卧式万能铣床是 XW6132 卧式万能铣床，如图 10.3 所示，它的主要组成部分和作用如下：

（1）床身。床身支承并连接各部件，顶面水平导轨支承横梁，前侧导轨供升降台移动之用。床身内装有主轴和主运动变速系统及润滑系统。

（2）横梁。它可在床身顶部导轨前后移动，吊架安装其上，用来支承铣刀杆。

（3）主轴。主轴是空心的，前端有锥孔，用以安装铣刀杆和刀具。

（4）工作台。工作台上有 T 形槽，可直接安装工件，也可安装附件或夹具。它可沿转台的导轨作纵向移动和进给。

（5）转台。转台位于工作台和横溜板之间，下面用螺钉与横溜板相连，松开螺钉可使转台带动工作台在水平面内回转一定角度（左右最大可转过 45°）。

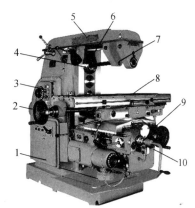

图 10.3　XW6132 型卧式万能铣床

1—床身底座；2—主传动电动机；3—主轴变速机构；

4—主轴；5—横梁；6—刀杆；7—吊架；

8—纵向工作台；9—横向工作台；

10—升降台

（6）纵向工作台。纵向工作台由纵向丝杠带动在转台的导轨上作纵向移动，以带动台面上的工件作纵向进给。台面上的 T 形槽用以安装夹具或工件。

（7）横向工作台。横向工作台位于升降台上面的水平导轨上，可带动纵向工作台一起作横向进给。

（8）升降台。升降台可沿床身导轨作垂直移动，调整工作台至铣刀的距离。

万能卧式铣床可将横梁移至床身后面，在主轴端部装上立铣头，能进行立铣加工。

10.1.3　铣　刀

1. 铣刀的种类

按结构和安装方法可将铣刀分为带柄铣刀和带孔铣刀。

（1）带柄铣刀。

带柄铣刀有直柄和锥柄之分。一般直径小于 20 mm 的较小铣刀做成直柄。直径较大的铣刀多做成锥柄。这类铣刀多用于立铣加工，如图 10.4 所示。

（a）镶齿端铣刀　　（b）直柄端铣刀　（c）槽加工铣刀　（d）T 形槽加工铣刀　（e）燕尾槽加工铣刀

图 10.4　带柄铣刀

（2）带孔铣刀。

如图 10.5 所示，带孔铣刀适用于卧式铣床加工，能加工各种表面，应用范围较广。

（a）圆柱铣刀　　　（b）三面刃铣刀　　　（c）锯片铣刀　　　（d）横数铣刀

（e）单角铣刀　　　（f）双角铣刀　　　（g）凸圆弧铣刀　　　（h）凹圆弧铣刀

图 10.5　带孔铣刀

10.1.4　分度头

分度头是安装在铣床上用于将工件分成任意等份的机床附件，利用分度刻度环和游标，定位销和分度盘以及交换齿轮，将装卡在顶尖间或卡盘上的工件分成任意角度，可将圆周分成任意等份，辅助机床利用各种不同形状的刀具进行各种沟槽、正齿轮、螺旋正齿轮、阿基米德螺线凸轮等的加工工作。

1. 万能分度头的结构

图 10.6 所示为常用的分度头结构，主要由底座、转动体、分度盘、主轴等组成。主轴可随转动体在垂直平面内转动。通常在主轴前端安装三爪卡盘或顶尖，用它来安装工件。转动手柄可使主轴带动工件转过一定角度，称之为分度。

2. 简单分度方法

根据图 10.7 所示的分度头传动图可知，传动路线是：手柄→齿轮副（传动比为 $1:1$）→蜗杆与蜗轮（传动比为 $1:40$）→主轴。可算得手柄与主轴的传动比是 $1:\dfrac{1}{40}$，即手柄转一圈，主轴则转过 1/40 圈。

如要使工件按 z 等分度，每次工件（主轴）要转过 1/z 转，则分度头手柄所转圈数为 n 转，它们应满足如下比例关系：$1:\dfrac{1}{40}=n:\dfrac{1}{z}$，即 $n=40/z$ 可见，只要把分度手柄转过 40/z 转，就可以使主轴转过 1/z 转。

图 10.6　万能分度头结构图

1—分度手柄；2—分度盘；3—底座；
4—转动体；5—卡盘

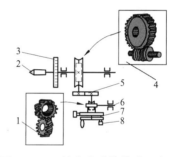

图 10.7　万能分度头的传动示意图

1—1:1 螺旋齿轮传动；2—主轴；3—刻度盘；
4—1:40 蜗轮传动；5—1:1 齿轮传动；
6—挂轮轴；7—分度盘；8—定位销

分度盘正反两面上有许多数目不同的等距孔圈。

第一块分度盘正面各孔圈数依次为：24、25、28、30、34、37；反面各孔圈数依次为：38、39、41、42、43。第二块分度盘正面各孔圈数依次为：46、47、49、51、53、54；反面各孔圈数依次为：57、58、59、62、66。

分度前，先在上面找到分母 17 倍数的孔圈（例如有 34、51）从中任选一个，如选 34。把手柄的定位销拔出，使手柄转过 2 整圈之后，再沿孔圈数为 34 的孔圈转过 12 个孔距。这样主轴就转过了 1/17 转，达到分度的目的。

为了避免每次分度时重复数孔之烦琐和确保手柄转过孔距准确，把分度盘上的两个扇形夹 1、2 之间的夹角调整到正好为手柄转过非整数圈的孔间距，这样每次分度就可做到快又准。

10.1.5　铣削用量

铣削时的铣削用量由切削速度 v_c、进给量 f、背吃刀量（铣削深度）a_p 和侧吃刀量（铣削宽度）a_e 等要素组成，其铣削用量如图 10.8 所示。

（a）在卧铣上铣平面

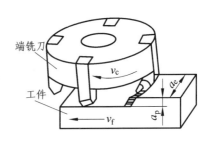
（b）在立铣上铣平面

图 10.8 铣削及用量

1. 转速 *n*

加工时经常要设置机床的转速 *n*，可由下式计算：

$$n = \frac{1\,000v_{c}}{\pi d}$$

式中：v_{c}——切削速度（m/min）；

  d——铣刀直径（mm）；

  n——铣刀每分钟转数（r/min）。

由上式可知，如果知道切削速度 v_{c}，则可以计算转速 *n*。

2. 进给量 *f*

铣削时，工件在进给运动方向上相对刀具的移动量即为铣削时的进给量。由于铣刀为多刃刀具，计算时按可由下式计算：

$$f = f_{z}n$$

式中，f_{z} 为每齿进给量，指铣刀每转过一个刀齿时，工件对铣刀的进给量（即铣刀每转过一个刀齿，工件沿进给方向移动的距离），其单位为 mm/z。

3. 背吃刀量（又称铣削深度）a_{p}

铣削深度为平行于铣刀轴线方向测量的切削层尺寸（切削层是指工件上正被刀刃切削着的那层金属），单位为 mm。因周铣与端铣时相对于工件的方位不同，故铣削深度的表示也有所不同。

4. 侧吃刀量（又称铣削宽度）a_{e}

铣削宽度是垂直于铣刀轴线方向测量的切削层尺寸，单位为 mm。

铣削用量选择的原则：通常粗加工为了保证必要的刀具耐用度，应优先采用较大的侧吃刀量或背吃刀量，其次是加大进给量，最后才是根据刀具耐用度的要求选择适宜的切削速度，这样选择是因为切削速度对刀具耐用度影响最大，进给量次之，侧吃刀量或背吃刀量影响最小；精加工时为减小工艺系统的弹性变形，必须采用较小的进给量，同时为了抑制积屑瘤的产生。对于硬质合金铣刀应采用较高的切削速度，对高速钢铣刀应采用较低的切削速度，如铣削过程中不产生积屑瘤时，也应采用较大的切削速度。

10.1.6 铣削典型表面

在铣床上利用各种附件和使用不同的铣刀，可以铣削平面、沟槽、成型面、螺旋槽、钻孔和镗孔等。

1. 铣平面

在铣床上用圆柱铣刀、立铣刀和端铣刀都可进行水平面加工，用端铣刀和立铣刀可进行垂直平面的加工。

用端铣刀加工平面（见图 10.9），因其刀杆刚性好，同时参加切削刀齿较多，切削较平稳，加上端面刀齿副切削刃有修光作用，所以切削效率高，刀具耐用，工件表面粗糙度较低。端铣平面是平面加工的最主要方法。而用圆柱铣刀加工平面，则因其在卧式铣床上使用方便，单件小批量的小平面加工仍广泛使用。

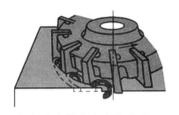 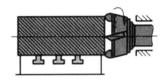

（a）在立铣床上端铣平面　　　　　　（b）在卧铣床上端铣垂直平面

图 10.9　用端铣刀铣平面

2. 铣斜面

铣斜面常用方法有以下两种：

（1）把工件倾斜安装方法来加工此斜面，如图 10.10 所示。

（2）把铣刀倾斜所需角度。这种方法是在立式铣床或装有万能立铣头的卧式铣床进行。使用端铣刀或立铣刀，刀轴转过相应角度，如图 10.11 所示。

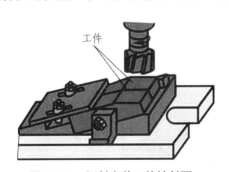 

图 10.10　倾斜安装工件铣斜面　　　　图 10.11　用角度铣刀铣斜面

3. 铣沟槽

在铣床上可铣各种沟槽。

（1）铣键槽。

① 铣敞开式键槽。这种键槽多在卧式铣床上用三面刃铣刀进行加工，如图 10.12 所示。注意：在铣削键槽前，要做好对刀工作，以保证键槽的对称度。

② 铣封闭式键槽。在轴上铣封闭式键槽，一般用立式铣刀加工。切削时要注意逐层切下，因键槽铣刀一次轴向进给不能太大，如图 10.13 所示。

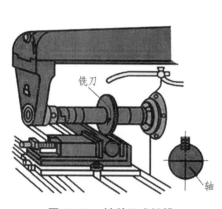

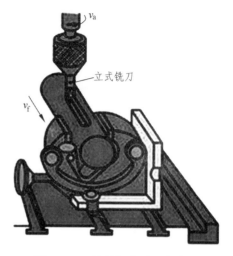

图 10.12　铣敞开式键槽　　　　　　　图 10.13　铣封闭式对刀方法

（2）铣 T 形槽及燕尾槽。

铣 T 形槽应分两步进行，先用立铣刀或三面刃铣刀铣出直槽，然后在立式铣床上用 T 形槽或燕尾槽铣刀最终加工成型，如图 10.14 所示。

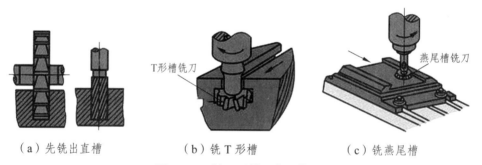

　（a）先铣出直槽　　　　　　（b）铣 T 形槽　　　　　　（c）铣燕尾槽

图 10.14　铣 T 形槽及燕尾槽图

4. 铣成型面

铣成型面常在卧式铣床上用与工件成型面形状相吻合的成型铣刀来加工，如图 10.15 所示。

图 10.15　用成型刀铣成型面　　　　　　图 10.16　铣螺旋槽

5. 铣螺旋槽

铣削麻花钻和螺旋铣刀上的螺旋沟是在卧式万能铣床上进行。铣刀是专门设计的，工件用分度头安装。为获得正确的槽形，圆盘成型铣刀旋转平面必须与工件螺旋槽切线方向一致，所以须将工作台转过一个工件的螺旋角，如图 10.16 所示。

10.2 刨 削

刨削是单件小批量生产的平面加工最常用的加工方法，加工精度一般可达 IT9 ~ IT7 级，表面粗糙度 Ra 为 12.5 ~ 1.6 μm。刨削可以在牛头刨床或龙门刨床上进行，刨削的主运动是变速往复直线运动。因为在变速时有惯性，限制了切削速度的提高，并且在回程时不切削，所以刨削加工生产效率低。但刨削所需的机床、刀具结构简单，制造安装方便，调整容易，通用性强。因此在单件、小批生产中特别是加工狭长平面时被广泛应用。刨削是平面加工的主要方法之一。常见的刨床类机床有牛头刨床、龙门刨床和插床等。

10.2.1 牛头刨床

牛头刨床是刨削类机床中应用较广的一种，它适合刨削长度不超过 1 000 mm 的中、小型零件。如图 10.17 和图 10.18 所示，牛头刨床的主运动为电动机→变速机构→摇杆机构→滑枕作往复运动；牛头刨床的进给运动为电动机→变速机构→棘轮进给机构→工作台横向进给运动。

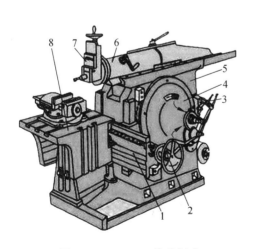

图 10.17　B6050 牛头刨床

1—横梁；2—进刀机构；3—变速机构；4—摆杆机构；
5—床身；6—滑枕；7—刀架；8—工作台

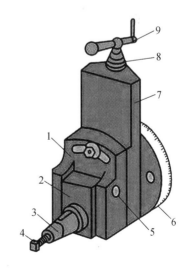

图 10.18　刀架

1—刀座；2—抬刀板；3—刀夹；4—紧固螺钉；5—轴；
6—刻度转盘；7—滑板；8—刻度环；9—手柄

1. B6050 牛头刨床的主要组成部分

（1）床身。如图 10.17 所示，床身 5 用于支承和连接刨床的各部件，其顶面导轨供滑枕 6 作往复运动，侧面导轨供横梁 1 和工作台 8 升降。床身内部装有传动机构。

（2）滑枕。用于带动刨刀作直线往复运动（即主运动），其前端装有刀架 7。

（3）刀架。如图 10.18 所示，刀架用以夹持刨刀，并可作垂直或斜向进给。扳转刀架手柄 9 时，滑板 7 即可沿转盘 6 上的导轨带动刨刀作垂直进给。滑板需斜向进给时，松开转盘 6 上的螺母，将转盘扳转所需角度即可。滑板 7 上装有可偏转的刀座 1，刀座中的抬刀板 2 可绕轴 5 向上转动。刨刀安装在刀夹 3 上。在返回行程时，刨刀绕轴 5 自由上抬，可减少刀具后刀面与工件的摩擦。

（4）工作台。用于安装工件，可随横梁上下调整，并可沿横梁导轨横向移动或横向间歇进给。

2. 牛头刨床的典型机构及其调整

B6050 牛头刨床的传动系统如图 10.19 所示，其典型机构及其调整概述如下：

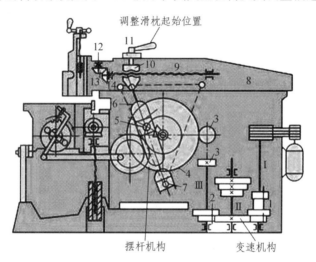

图 10.19 B6050 牛头刨床的主传动系统

1、2—滑动齿轮组；3、4—齿轮；5—偏心滑块；6—摆杆；7—下支点；8—滑枕；
9—丝杠；10—丝杠螺母；11—手柄；12—轴；13、14—锥齿轮

（1）变速机构。变速机构由 1、2 两组滑动齿轮组成，轴 III 有 3×2=6 种转速，使滑枕变速。

（2）摆杆机构。摆杆机构中齿轮 3 带动齿轮 4 转动，滑块 5 在摆杆 6 的槽内滑动并带动摆杆 6 绕下支点 7 转动，于是带动滑枕 8 作往复直线运动。

（3）行程位置调整机构。松开手柄 11，转动轴 12，通过 13、14 锥齿轮转动丝杠 9，由于固定在摆杆 6 上的丝杠螺母 10 不动，丝杠 9 带动滑枕 8 改变起始位置。

（4）滑枕行程长度调整机构。滑枕行程长度调整机构如图 10.20 所示。调整时，转动轴 1，通过锥齿轮 5、6，带动小丝杠 2 转动使偏心滑块 7 移动，曲柄销 3 带动偏心滑块 7 改变偏心位置，从而改变滑枕的行程长度。

（5）滑枕往复直线运动速度的变化。滑枕往复运动速度在各点上都不一样，如图 10.21 所示。其工作行程转角为 α，空行程为 β，$\alpha > \beta$，因此回程时间较工作行程短，即慢进快回。

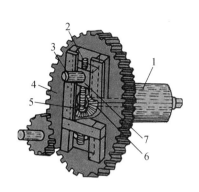

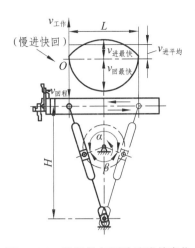

图 10.20　滑枕行程长度的调整

1—轴（带方榫）；2—小丝杠；3—曲柄销；4—曲柄齿轮；
5、6—锥齿轮；7—偏心滑块

图 10.21　滑枕往复运动速度的变化

（6）横向进给机构及进给量的调整。横向进给机构及进给量的调整，如图 10.22 所示。齿轮 2 与图 10.19 中的齿轮 4 是一体的，齿轮 2 带动齿轮 1 转动，连杆 3 摆动棘爪 4，拨动棘轮 5 使丝杠 6 转一个角度，实现横向进给。反向时，由于棘爪后面是斜的，爪内弹簧被压缩，棘爪从棘轮顶滑过，因此工作台横向自动进给是间歇的。

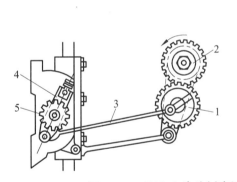

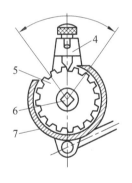

图 10.22　B6050 牛头刨床运动及调整

1、2—齿轮；3—连杆；4—棘爪；5—棘轮；6—丝杠；7—棘轮护盖

工作台横向进给量的大小取决于滑枕每往复一次时棘爪所能拨动的棘轮齿数。因此，调整横向进给量，实际是调整棘轮护盖 7 的位置。

2. 龙门刨床

图 10.23 所示为龙门刨床的外形图，因它有一个"龙门"式框架而得名。

龙门刨床工作时，工件装夹在工作台 9 上，随工作台沿床身导轨作直线往复运动以实现切削过程的主运动。装在横梁 2 上的立刀架 5、6 可沿横梁导轨作间歇的横向进给运动，用以刨削工件的水

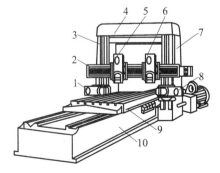

图 10.23　龙门刨床

1、8—侧刀架；2—横梁；3、7—立柱；4—顶梁；
5、6—立刀架；9—工作台；10—床身

平面，立刀架上的溜板还可使刨刀上下移动，作切入运动或刨竖直平面。此外，刀架溜板还能绕水平轴调整至一定的角度位置来加工斜面。装在左、右立柱上的侧刀架 1 和 8 可沿立柱导轨作垂直方向的间歇进给运动，以刨削工件的竖直平面。横梁还可沿立柱导轨升降，以便根据工件的高度调整刀具的位置。另外，各个刀架都有自动抬刀装置，在工作台回程时，自动将刀板抬起，避免刀具擦伤已加工表面。龙门刨床的主参数是最大刨削宽度。与牛头刨床相比，其形体大、结构复杂、刚性好，传动平稳、工作行程长，主要用来加工大型零件的平面，或同时加工数个中、小型零件，加工精度和生产率都比牛头刨床高。

10.2.2 刨 刀

1. 刨刀的结构特点

刨刀根据用途可分为纵切、横切、切槽、切断和成型刨刀等。刨刀的结构基本上与车刀类似，但刨刀工作时为断续切削，受冲击载荷。因此，在同样的切削截面下，刀杆断面尺寸较车刀大 1.25～1.5 倍，并采用较大的负刃倾角（0°～ - 10°），以提高切削刃抗冲击载荷的性能。

为了避免刨刀刀杆在切削力作用下产生弯曲变形，从而使刀刃啃入工件，通常使用弯头刨刀，如图 10.24 所示。

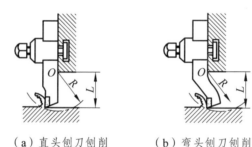

（a）直头刨刀刨削　　　　（b）弯头刨刀刨削

图 10.24　直头刨刀弯头刨刀

2. 刨刀的种类

常用刨刀有：平面刨刀、偏刀、切刀、弯头刀等，如图 10.25 所示。

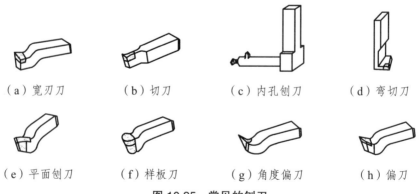

（a）宽刃刀　　（b）切刀　　（c）内孔刨刀　　（d）弯切刀

（e）平面刨刀　　（f）样板刀　　（g）角度偏刀　　（h）偏刀

图 10.25　常见的刨刀

10.2.3　典型表面的刨削

1. 刨水平面

水平面粗刨采用平面刨刀，精刨采用圆头精刨刀。刨削用量一般为：刨削深度 a_p 为 0.2 ~ 0.5 mm，进给量 f 为 0.33 ~ 0.66 mm/s，切削速度 v 为 15 ~ 50 m/min。粗刨时刨削深度和进给量可取大值，切削速度取低值；精刨时切削速度取高值，切削深度和进给量取小值。

对于两个相对平面有平行度要求，两相邻平面有垂直度要求的矩形工件。设矩形四个平在按逆时针方向分别为 1、2、3、4 面。一般刨削方法是先刨出一个较大的平面 1 为基准面，然后将该基准面贴紧平口钳钳口一面，用圆棒或斜垫夹入基准面对面的钳口中，刨削第 2 个平面，再刨削第 2 个平面相对的第 4 个面，最后刨削第 1 个面相对的第 3 个面。

在水平面刨削时，切削深度由手动控制刀架的垂直运动决定，进给量由进给运动手柄调整。

2. 刨垂直面和斜面

工件上如有不能或不便用水平面刨削方法加工的平面，可将该平面与水平面成垂直，然后用刨垂直面的方法进行加工，如加工台阶面和长工件的端面。

刨削前，先将刀架转盘刻度线对准零线，以保证加工面与工件低平面垂直，转动刀架手柄，从上往下加工工件。手动进给刀架时保证刨刀是作垂直进给运动；再将刀座转动至上端，偏离要加工垂直面 10° ~ 15°，使抬刀板回程时，能带动刨刀抬离工件的垂直面，减少刨刀磨损及避免划伤已加工表面。

刨垂直面和斜面均采用偏刀，如图 10.26、图 10.27 所示。安装偏刀时，刨刀伸出的长度应大于整个垂直面或斜面的高度。刨垂直面时，刀架转盘应对准零线；刨斜面时，刀架转盘要扳转相应的角度。

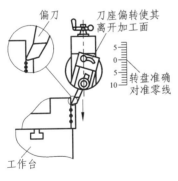

图 10.26　刨垂直面

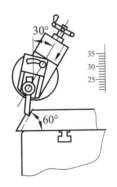

图 10.27　刨斜面

10.3　磨　削

磨削加工，在机械加工隶属于精加工（机械加工分粗加工，精加工，热处理等加工方式），加工量少、精度高。在机械制造行业中应用比较广泛，经热处理淬火的碳素工具钢和渗碳淬火钢零件,在磨削时与磨削方向基本垂直的表面常常出现大量的较规则排列的裂纹——磨削裂纹,它不但影响零件的外观,更重要的还会直接影响零件质量。

根据工件被加工表面的性质,磨削分为平面磨削、外圆磨削、内圆磨削等几种,如图 10.28所示。

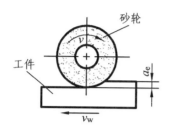

（a）平面磨削加工

（b）平面磨削加工的零件

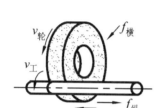

（c）外圆磨削加工

（d）外圆磨削加工的零件

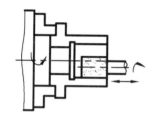

（e）内圆磨削加工

（f）内圆磨削加工的零件

图 10.28　外圆磨削、内圆磨削、平面磨削

10.3.1　平面磨床

1. 平面磨床结构

平面磨床常用分为手动平面磨床和自动液压平面磨床,如图 10.29、图 10.30 所示。其主要区别是手动磨由人工进行手动操作,而另一个主要使用液压进行驱动、人工辅助操作。

磨床的主要部件主要有以下几部分:

（1）床身:是磨床的基础支承件,在它的上面装有砂轮架、工作台等部件,使这些部件在工作时保持准确的相对位置。

（2）工作台:用于安装工件进行加工,由于一般的工作台都是平面的,要对工作进行固定还要加装其他夹具,常用有的平口虎钳、磁吸盘等。工作台可以左右或前后进给,运送工件进行磨削加工。

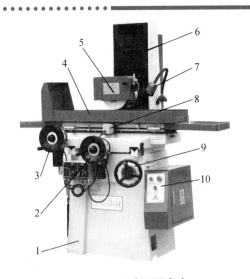

图 10.29　手动平面磨床

1—床身；2—纵向进给手柄；3—横向进给手柄；
4—工作台；5—砂轮；6—立柱；7—照明灯；
8—横向限位；9—升降手柄；10—电箱

图 10.30　自动液压平面磨床

1—床身；2—砂轮进给手柄；3 控制开关；4—照明；
5—立柱；6—纵向进给手柄；7—电机；8—砂轮；
9—工作台；10—横向限位；11—速度调整开关

（3）磨削装置：常由电机、电机安装架、砂轮组成，通过电机的高速转动带动砂轮的高速旋转使砂轮用于磨削加工。

（4）进给机构：磨削一般进给有 3 个：横向进给、纵向进给、高度进给。这 3 个进给有手动驱动的（见图 10.29 中的 2、3、9），也有用采用液压驱动的（见图 10.30 中的 2、6），通过驱动 3 个方向的进给，进行对工件多方面多方向的加工。

10.3.2　万能外圆磨床

万能外圆磨床主要用于加工圆柱形、圆锥形或其他形状素线展成的外表面和轴肩端面，如图 10.31 所示。

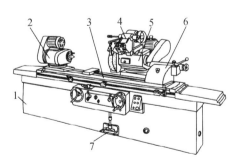

图 10.31　万能外圆磨床

1—床身；2—头架；3—工作台；4—内圆磨头；
5—砂轮架；6—尾架；7—脚踏操纵板

机床主要由以下几部分组成：

（1）床身：用来支承机床各部件。内部装有液压传动系统，上部装有工作台和砂轮架等部件。

（2）头架：头架安装在上层工作台上，头架内装有主轴，主轴前端可安装卡盘、顶尖、拨盘等附件，用于装夹工件。主轴由单独的电动机经变速机构带动旋转，实现工件的圆周进给运动。

（3）工作台：工作台有两层，下层工作台可沿床身导轨作纵向直线往复运动，上层工作台可相对下层工作台在水平面偏转一定的角度（±8°），以便磨削小锥度的圆锥面。

（4）内圆磨头：安装在砂轮架上，其主轴前端可安装内圆砂轮，由单独电机带动旋转，用于磨削内圆表面。内圆磨头可绕其支架旋转，使用时放下，不使用时向上翻起。

（5）砂轮架：砂轮安装在砂轮架主轴上，由单独的电动机通过皮带传动带动砂轮高速旋转，实现切削主运动。砂轮架安装在床身的横向导轨上，可沿导轨作横向进给，还可水平旋转±30°，用来磨削较大锥度的圆锥面。

（6）尾架：安装在上层工作台，用于支承工件。

10.3.3 常用的磨削加工方法

1. 平面磨床加工方法

表面质量要求较高的各种平面的半精加工和精加工，常采用平面磨削方法。平面磨削常用的机床是平面磨床，砂轮的工作表面可以是圆周表面，也可以是端面。

（1）装夹工件。

磁性工件可以直接吸在电磁吸盘上，对于非磁性工件（如有色金属）或不能直接吸在电磁吸盘上的工件，可使用精密平口钳或其他夹具装夹后，再吸在电磁吸盘上。

（2）调整机床。

根据工件材料的特性、加工要求等因素来选择合适的磨削用量，调整工作台直线运动速度和行程长度，调整砂轮架横向进给量。

（3）启动机床。

启动工作台，摇进给手轮，让砂轮轻微接触工件表面，调整切削深度，磨削工件至规定尺寸。

（4）停车。

测量工件，退磁，取下工件，检验。

2. 外圆磨床磨削方法

（1）磨削外圆。

工件的外圆一般在普通外圆磨床或万能外圆磨床上磨削。外圆磨削一般有纵磨、横磨和深磨三种方式，如图10.32所示。

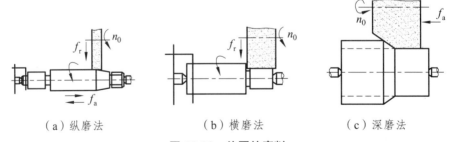

（a）纵磨法　　　　　　　（b）横磨法　　　　　　　（c）深磨法

图10.32　外圆的磨削

（2）磨削端面。

在万能外圆磨床上，可利用砂轮的端面来磨削工件的台肩面和端平面。磨削开始前，应该让砂轮端面缓慢地靠拢工件的待磨端面，磨削过程中，要求工件的轴向进给量 f_a 也应很小。这是因为砂轮端面的刚性很差，基本上不能承受较大的轴向力，因此最好的办法是使用砂轮的外圆锥面来磨削工件的端面，此时，工作台应该扳动一较大角度。

（3）磨削内圆。

利用外圆磨床的内圆磨具可磨削工件的内圆。磨削内圆时，工件大多数是以外圆或端面作为定位基准，装夹在卡盘上进行磨削，磨内圆锥面时，只需将内圆磨具偏转一个圆周角即可。

与外圆磨削不同，内圆磨削时，砂轮的直径受到工件孔径的限制，一般较小，故砂轮磨损较快，需经常修整和更换。

思考与练习

10.1　铣削加工的刀具主要有哪几种？

10.2　铣削加工的主要切削参数有哪些，都有些什么关系？

10.3　铣削加工时，零件要怎样夹持？

10.4　刨床的种类主要有哪几种？

10.5　刨刀直的与弯的有什么差别？

10.6　外圆加工直径 20 mm，长 800 mm 的钢棒如何装夹？

第11章 钳工及装配

钳工是手持工具对金属进行切削加工的方法。钳工操作主要是在木制钳工台和虎钳上进行。

图 11.1 所示为台虎钳，其规格大小用钳口的宽度表示，常用的为 100～150 mm。使用时，用螺钉把它固定在钳工台上。

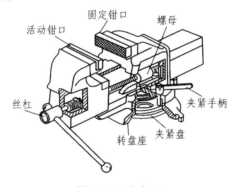

图 11.1 台虎钳

钳工操作比较灵活，可以完成机械加工中不便或不能加工的工作，所以在生产中起着重要的作用。钳工常用的设备有钳工台，台虎钳，钻床，砂轮机等。

11.1 划　线

划线是按图样的尺寸要求，在毛坯或半成品上划出待加工部位的轮廓线的一种操作。

11.1.1 划线工具及其使用

钳工所使用的划线工具包括：基准工具、支承工具、划线工具和量具四类。

1. 基准工具

基准工具即划线平板。常用铸铁制成，其上表面经过精加工后平整光洁，是划线的基准平面。

2. 支承工具

常用的支承工具有方箱、千斤顶、V 形架等。

方箱有划线方箱与翻转方箱之分。划线方箱是铸铁制成的空心立方体、各相邻的两个面均互相垂直。方箱用于夹持、支承尺寸较小而加工面较多的工件，利用划针盘或高度游标尺则可划出各边的水平线或平行线，如图 11.2（a）所示；翻转方箱则可把工件上互相垂直的线划出来，如图 11.2（b）所示。

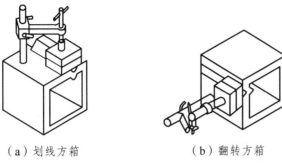

（a）划线方箱　　　　　（b）翻转方箱

图 11.2　方箱

千斤顶的高度可以调节，便于找正，常用于支承工件。

V 形架用来支承圆柱形工件，使工件轴线与划线平板平行。

3. 划线工具

划线工具主要有划针、划规、划针盘等。

划针是在工件表面划线用的工具，常用的划针用工具钢或弹簧钢制成（有的划针在其尖端部位焊有硬质合金），直径通常为 $\phi3 \sim \phi6$ mm。划针的形状及用法如图 11.3 所示。

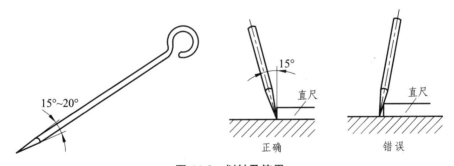

图 11.3　划针及使用

划规是划圆或弧线、等分线段及量取尺寸等用的工具。它的用法与制图的圆规相似。划卡或称单脚划规，主要用于确定轴和孔的中心位置，也可用来划平行线，如图 11.4 所示。

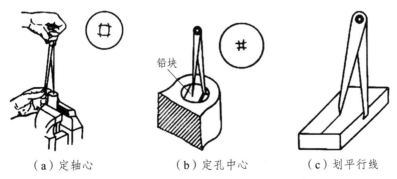

（a）定轴心　　　　（b）定孔中心　　　　（c）划平行线

图 11.4　用划卡确定孔轴中心和划平行线

划针盘主要用于立体划线和校正工件的位置。它由底座、立杆、划针和锁紧装置等组成，如图 11.5 所示，调节划针高度，在平板上移动划针盘，即可在工件上画出与平板平行的线来。

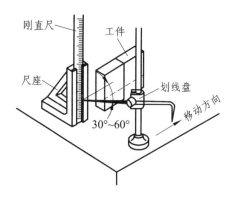

图 11.5　划针盘及其用法

4. 量　具

常用的测量工具有钢直尺、游标高度尺和 90° 角尺等。

11.1.2　划线基准

划线时一般选用重要的中心线、工件上已加工过的表面、零件图上尺寸标注基准线为划线基准。划线基准通常与设计基准一致。

11.1.3　划线前的准备工作

划线部位清理后应涂色，涂料要涂得均匀而且要薄。为了划出孔的中心，在孔中要装入中心塞块，一般小孔多用木塞块或铅块，大孔用中心顶。按图样和技术要求仔细分析工件特点和划线的要求，确定划线的基准及放置支撑位置，并检查工件的误差和缺陷，确定借料的方案。

11.1.4　划线的基本要求

划线有如下几点基本要求：
（1）尺寸正确，允差±0.3 mm。
（2）线条清晰，均匀。
（3）冲眼不得偏离线条，且应分布合理，圆周上应不少于 4 个冲眼，直线处间距可适当大些，曲线处则小些，线条交点必须打冲眼，圆中心处冲眼须打大些。
在划线的工程中，因为划出的线条在加工过程中容易被擦去，故要在划好的线段上用样冲打出小而分布均匀的样冲眼，如图 11.6 所示。在划圆和钻孔前应在其中心打样冲眼，以便定心。图 11.7 所示为样冲及使用方法。

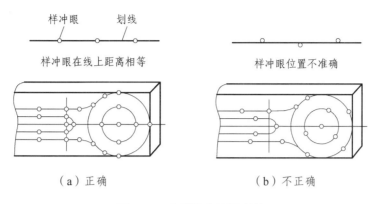

图 11.6　在线段上的样冲眼

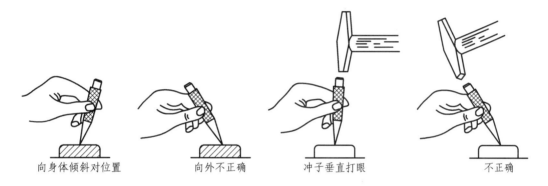

图 11.7　样冲及其使用方法

11.2　锯　切

锯切是用手锯对工件或材料进行分割的一种切削加工。锯切的工作范围包括：分割各种材料或半成品，锯掉工件上多余的部分，在工件上锯槽等。

11.2.1　锯切工具

手锯是锯切所用的工具。手锯由锯弓和锯条组成，锯弓用来夹持和拉紧锯条，如图 11.8 所示。锯弓可分为固定式和可调式两种，图 11.8 所示为常用的可调式锯弓。

锯条一般由碳素工具钢经热处理后制成，并经淬火和低温退火处理。锯条按锯齿的齿距不同可分为粗、中、细齿三种。锯条规格用锯条两端安装孔之间的距离表示。常用的锯条约长 300 mm、宽 12 mm、厚 0.8 mm。锯条齿形如图 11.9 所示。

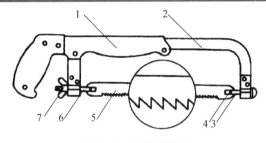

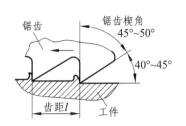

图 11.8　可调式锯弓

1—固定部分；2—可调部分；3—固定拉杆；4—削子；
5—锯条；6—活动拉杆；7—蝶形螺母

图 11.9　锯齿形状图

11.2.3　锯切操作与方法

1. 锯条安装

锯割前选用合适的锯条，使锯条齿尖朝前，如图 11.8 所示，装入夹头的销钉上。锯条的松紧程度，用蝶形螺母调整。调整时，不可过紧或过松或太紧，失去了应有的弹性，锯条容易崩断；太松，会使锯条扭曲，锯锋歪斜，锯条也容易折断。

2. 工件安装

工件伸出钳口不宜太长，防止锯切时产生振动。锯线应和钳口边缘平行，并夹在台虎钳的左边，以便操作。工件要夹紧，并应防止变形和夹坏已加工表面。

3. 锯切姿势与握锯

右手握住锯柄，左手握住锯弓的前端，如图 11.10 所示。推锯时，身体稍向前倾斜，利用身体的前后摆动，带动手锯前后运动。推锯时，锯齿起切削作用，给以适当压力。向回拉时，不切削，应将锯稍微提起，减少对锯齿的磨损。锯割时，应尽量利用锯的有效长度。如行程过短，则局部磨损过快，缩短锯条的使用寿命，甚至因局部磨损，造成锯锋变窄，锯条被卡住或折断。

锯切的姿势有两种，一种是直线往复运动，适用于锯薄形工件和直槽；另一种是摆动式，锯割时锯弓两端作类似锉外圆弧面时的锉刀摆动一样。这种操作方式，两手动作自然，不易疲劳，切削效率较高。

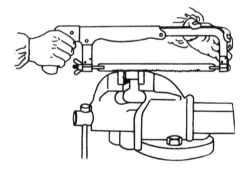

图 11.10　手锯的握法

4. 起锯方法

起锯时，锯条与工件表面倾斜角约为 15°，最少要有 3 个齿同时接触工件。起锯的方式有两种：一种是从工件远离自己的一端起锯，如图 11.11（a）所示，称为远起锯；另一种是从工件靠近操作者身体的一端起锯，如图 11.11（b）所示，称为近起锯。一般情况下采用远起锯较好。起锯时来回推拉距离最短，压力要轻，这样才能保证尺寸准确，锯齿容易吃进。近起锯主要用于薄板。为使起锯的位置准确和平稳，起锯时可用左手大拇指挡住锯条的方法来定位。

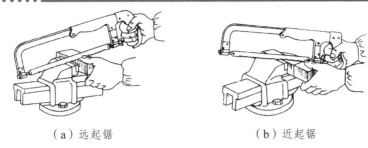

（a）远起锯　　　　　　　（b）近起锯

图 11.11　起锯方法

5. 锯切速度和往复长度

对软材料和有色金属材料频率为每分钟往复 50～60 次为宜，对普通钢材频率为每分钟往复 30～40 次为宜。速度过快锯条容易磨钝，反而会降低切削效率；速度太慢，效率不高。

锯切时最好使锯条的全部长度都能进行锯割，一般锯弓的往复长度不应小于锯条长度的 2/3。

11.3　锉　削

锉削是钳工最基本的操作。用锉刀对工件表面进行加工，其精度最高可达 0.005 mm，表面粗糙度最小可达 Ra 0.4 μm 左右。锉削的应用范围很广，可以锉削平面、曲面、外表面、内孔、沟槽和各种形状复杂的表面。还可以配键、做样板、修整个别零件的几何形状等。

11.3.1　锉刀结构及其种类

锉刀是用碳素工具钢 T12 或 T13 经热处理后，再将工作部分淬火制成的。锉刀结构如图 11.12 所示。其规格以工作部分的长度表示，分 100 mm、150 mm、200 mm、250 mm、300 mm、350 mm、400 mm 等七种。

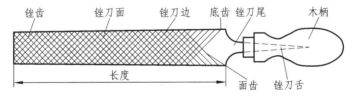

图 11.12　锉刀结构

锉刀的品种很多：

（1）按用途分有：普通钳工锉，用于一般的锉削加工；木锉，用于锉削木材、皮革等软质材料；整形锉（什锦锉），用于锉削小而精细的金属零件，由许多各种断面形状的锉刀组成一套；刃磨木工锯用锉刀；专用锉刀，如锉修特殊形状的平形和弓形的异形锉（特种锉），有直形和弯形两种。

（2）锉刀按剖面形状分有：扁锉（平锉）、方锉、半圆锉、圆锉、三角锉、菱形锉和刀形锉等。平锉用来锉平面、外圆面和凸弧面；方锉用来锉方孔、长方孔和窄平面；三角锉用来锉内角、三角孔和平面；半圆锉用来锉凹弧面和平面；圆锉用来锉圆孔、半径较小的凹弧面和椭圆面。

（3）锉刀按锉纹形式分有：单纹锉和双纹锉两种。单纹锉的刀齿对轴线倾斜成一个角度，适于加工软质的有色金属；双纹锉刀的主、副锉纹交叉排列，用于加工钢铁和有色金属。它能把宽的锉屑分成许多小段，使锉削比较轻快。

（4）锉刀按每 10 mm 长度内主锉纹条数分有：Ⅰ～Ⅴ号，其中Ⅰ号为粗齿锉，Ⅱ号为中齿锉，Ⅲ号为细齿锉，Ⅳ号和Ⅴ号为油光锉，分别用于粗加工和精加工。金刚石锉刀没有锉纹，只是在锉刀表面电镀一层金刚石粉，用以锉削淬硬金属材料的工件。

11.3.2　锉刀的选用

对于锉刀端面的选择：锉刀的断面形状应该要根据被锉削零件的形状来选择，使两者的形状相适应。锉削内圆弧面时，要选择半圆锉或圆锉（小直径的工件）；锉削内角表面时，要选择三角锉；锉削内直角表面时，可以选用扁锉或方锉等。选用扁锉锉削内直角表面时，要注意使锉刀没有齿的窄面（光边）靠近内直角的一个面，以免碰伤该直角表面。

锉刀齿的粗细要根据加工工件的余量大小、加工精度、材料性质来选择。粗齿锉刀适用于加工大余量、尺寸精度低、形位公差大、表面粗糙度数值大、材料软的工件；反之应选择细齿锉刀。使用时，要根据工件要求的加工余量、尺寸精度和表面粗糙度的大小来选择。

锉刀尺寸规格应根据被加工工件的尺寸和加工余量来选。加工尺寸大、余量大时，要选用大尺寸规格的锉刀；反之要选用小尺寸规格的锉刀。

11.3.3　锉削操作

1. 锉削平面

锉削平面是锉削中最基本的操作。粗锉时可用交叉锉法，如图 11.13（a）所示，这样不仅锉得快而且可以利用锉痕来判断加工部分是否锉到所需尺寸。平面基本锉平后，可以改用顺向锉法，让锉刀沿着工件表面横向或纵向移动，得到正直的锉痕，锉削面整齐美观。最后可用细锉刀或光锉刀以推锉法修光，如图 11.13（b）所示。

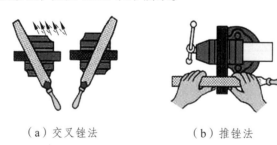

（a）交叉锉法　　　　　（b）推锉法

图 11.13　锉削平面

2. 锉削外圆弧面

常见的外圆弧面锉削方法有顺锉法和滚锉法，如图 11.14 所示。顺锉法切削效率高，适于粗加工；滚锉法锉出的圆弧面不会出现有棱角的现象，故滚锉法一般用于圆弧面的精加工阶段。

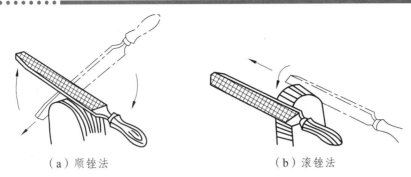

（a）顺锉法　　　　　　　　（b）滚锉法

图 11.14　外圆弧面的锉削方法

11.4　钻孔、扩孔、锪孔和铰孔

11.4.1　钻　孔

用钻头在实体材料上加工孔叫钻孔。在钻床上钻孔时，一般情况下，钻头应同时完成主运动和辅助运动这两个运动。主运动，即钻头绕轴线的旋转运动（切削运动）；辅助运动，即钻头沿着轴线方向对着工件的直线运动（进给运动）。

11.4.2　钻床的种类

1. 台式钻床

台式钻床简称台钻，如图 11.15 所示，是一种小型机床，安放在钳工台上使用，多用于加工直径 ϕ12 mm 以下的小孔。钳工中用得最多。

2. 立式钻床

立式钻床简称立钻，如图 11.16 所示，一般用来钻中型工件上加工直径 ϕ30 mm 以下的孔，其规格用最大钻孔直径表示。常用的有 ϕ25 mm、ϕ35 mm、ϕ40 mm、ϕ50 mm 等几种。

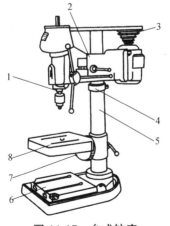

图 11.15　台式钻床

1—主轴；2—头架；3—塔形带轮；4—保险环；
5—立柱；6—底座；7—转盘；8—工作台

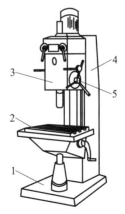

图 11.16　立式钻床

1—机座；2—工作台；3—进给箱；4—立柱；
5—进给手柄

3. 摇臂钻床

摇臂钻床有一个能绕立柱旋转的摇臂。主轴箱可在摇臂上作横向移动，并可随摇臂沿立柱上下作调整运动，因此，操作时能很方便地调整到需钻削的孔的中心，而工件不需移动。摇臂钻床加工范围广，可用来钻削大型工件的各种螺钉孔、螺纹底孔和油孔等。

11.4.3 钻 头

麻花钻是钻孔的主要工具，常用高速钢或碳素工具钢制造，其组成结构如图 11.17 所示。直径小于 12 mm 时，柄部一般做成圆柱形（直柄）；钻头直径大于 12 mm 时，一般做成锥柄。

麻花钻有两条对称的螺旋槽，用来形成切削刃，且作输送切削液和排屑之用。前端的切削部分（见图 11.18）有两条对称的主切削刃，两刃之间的夹角 2φ 称为锋角。两个顶面的交线叫作横刃。导向部分上的两条刃带在切削时起导向作用，同时又能减小钻头与工件孔壁的摩擦。

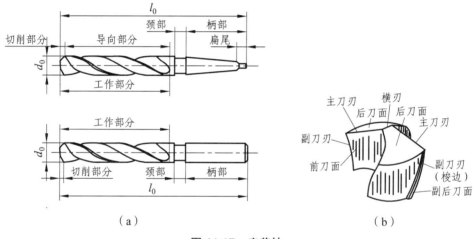

图 11.17 麻花钻

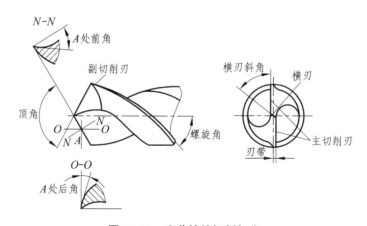

图 11.18 麻花钻的切削部分

11.4.4　钻孔操作

1. 钻头的装夹

钻头的装夹方法，按其柄部的形状不同而异。钻头的装夹要尽可能短，以提高其刚性和强度，从而更有利于其位置精度的保证。锥柄钻头可以直接装入钻床主轴孔内，较小的钻头可用过渡套筒安装，如图 11.19 所示；直柄钻头一般用钻夹头安装，如图 11.20 所示。

钻夹头或过渡套筒的拆卸方法是将楔铁带圆弧的边向上插入钻床主轴侧边的锥形孔内，左手握住钻夹头，右手用锤子敲击楔铁卸下钻夹头。

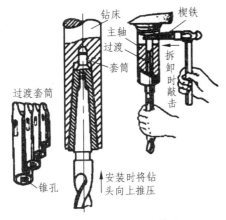

图 11.19　安装锥柄钻头

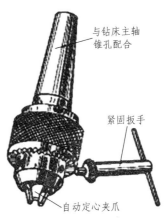

图 11.20　安装直柄钻头

2. 工件的夹持

由于在钻孔过程中，如只采用目测的方法很难保证其位置精度，必须采用游标卡尺等量具进行测量，为了方便测量，在工件安装时要使工件高出机用虎钳钳口一定尺寸。钻孔中的安全事故大都是由于工件的夹持方法不对造成的，因此应注意工件的夹持。小件和薄壁零件钻孔，要用手虎钳夹持工件。中等零件，可用平口钳夹紧。大型和其他不适合用虎钳夹紧的工件，可直接用压板螺钉固定在钻床工作台上。在圆轴或套筒上钻孔，须把工件压在 V 形铁上钻孔。在成批和大量生产中，钻孔时广泛应用钻模（见图 11.21）夹具。

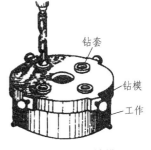

图 11.21　钻模

3. 按划线钻孔

按划线钻孔时，应先对准样冲眼试钻一浅坑。由于开始钻孔时的位置精度基本上取决于样冲眼的位置，这样就把动态控制孔的位置精度在一定程度上转化为样冲眼位置的冲制精度上来。考虑到打样冲眼在控制孔的位置精度时所起的重要的作用，所以如有偏位，可用样冲重新冲孔纠正，也可用錾子錾出几条槽来纠正，如图 11.22 所示。钻孔时，进给速度要均匀，将钻通时，进

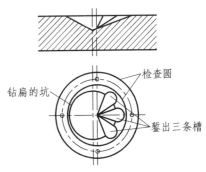

图 11.22　钻偏时錾槽校正

给量要减小。钻韧性材料要加切削液。钻深孔（孔深 L 与直径 d 之比大于 5）时，钻头必须经常退出以排屑。

11.4.2　扩　孔

用扩孔钻对铸出、锻出或钻出的孔进行扩大孔径的加工方法称为扩孔。扩孔所用的刀具是扩孔钻，如图 11.23 所示。扩孔应尽量选用短钻头，小的顶角、后角，低速切削。扩孔可作为终加工，也可作为铰孔前的预加工。扩孔尺寸公差等级可达 IT10～IT9，表面粗糙度 Ra 值可达 3.2 μm。扩孔比钻孔质量高，主要是扩孔钻与麻花钻的结构不同。

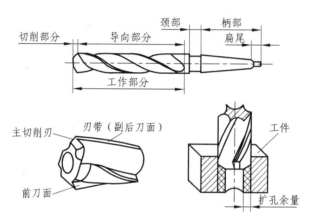

图 11.23　扩孔钻及扩孔

11.4.3　锪　孔

在孔口表面用锪钻加工出一定形状的孔或凸台的平面，称为锪孔。锪孔是为了保证孔口与孔中心线的垂直度，以便与孔连接的零件位置正确，连接可靠。在工件的连接孔端锪出柱形或锥形埋头孔，用埋头螺钉埋入孔内把有关零件连接起来，使外观整齐，装配位置紧凑。例如，锪圆柱形埋头孔、锪圆锥形埋头孔、锪用于安放垫圈用的凸台平面等，如图 11.24 所示。

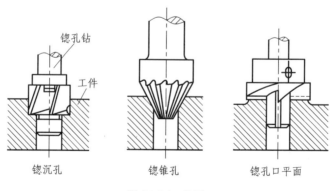

图 11.24　锪孔

11.4.4 铰 孔

铰孔是孔的精加工。铰孔是用铰刀从工件壁上切除微量金属层，以提高孔的尺寸精度和表面质量的加工方法。铰孔是应用较普遍的孔的精加工方法之一。铰孔可分粗铰和精铰。精铰其加工余量较小，只有 0.05 ~ 0.15 mm，尺寸公差等级可达 IT8 ~ IT7，表面粗糙度 Ra 值可达 0.8 μm。铰孔前工件应经过钻孔—扩（或镗孔）等加工。

铰刀有手用铰刀和机用铰刀两种，如图 11.25 所示。手用铰刀的顶角较机用铰刀小，其柄为直柄（机用铰刀为锥柄）。铰刀的工作部分由切削部分和修光部分组成。铰刀是多刃切削刀具，有 6 ~ 12 个切削刃和较小的顶角。铰孔时导向性好。铰刀刀齿的齿槽很宽，铰刀的横截面大，因此刚性好。铰孔时因为余量很小，每个切削刃上的负荷都小于扩孔钻，且切削刃的前角 $\gamma_0 = 0°$，所以铰削过程实际上是修刮过程。特别是手工铰孔时，切削速度很低，不会受到切削热和振动的影响，因此使孔加工的质量较高。

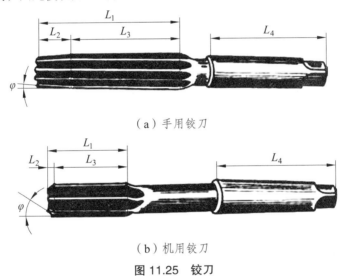

（a）手用铰刀

（b）机用铰刀

图 11.25 铰刀

L_1—工作部分；L_2—切削部分；L_3—修光部；L_4—柄部

机用铰刀多为锥柄，装在车床或钻床上进行铰孔。铰孔时常用适当的冷却液来降低刀具和工件的温度；防止产生切屑瘤；并减少切屑细末黏附在铰刀和孔壁上，从而提高孔的质量。

手铰时，两手用力均匀，按顺时针方向转动铰刀并略为用力向下压，铰孔时铰刀不能倒转，否则会卡在孔壁和切削刃之间，而使孔壁划伤或切削刃崩裂。铰孔过程中，如果转不动，不要硬扳，应小心地抽出铰刀，检查铰刀是否被切屑卡住或遇到硬点。否则会折断铰刀或使刀刃崩裂。孔铰完后，要顺时针方向旋转退出铰刀。

11.5 攻螺纹与套螺纹

11.5.1 攻螺纹

攻螺纹是用丝锥加工内螺纹的操作。攻螺纹只能加工三角形螺纹，属连接螺纹，用于两件或多件结构件的连接。

1. 攻螺纹工具

丝锥是专门用来加工内螺纹的刀具。丝锥的结构如图 11.26 所示，它由工作部分和柄部两部分构成，工作部分是一段开槽的外螺纹，柄部装入铰杠传递扭矩，便于攻螺纹。丝锥的工作部分包括切削部分和校准部分。

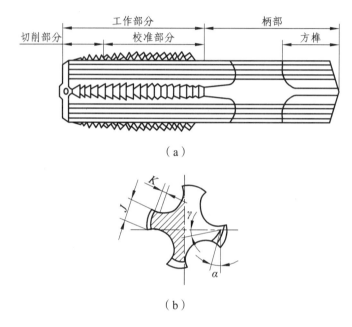

（a）

（b）

图 11.26 丝锥

手用丝锥一般由两支组成一套，分为头锥和二锥。它们的主要区别在于切削部分锥度不同。头锥较长，锥角较小，约有 6 个不完整的齿，以便切入。二锥短些，锥角大些，不完整的齿约为 2 个。对于 M6 以下的和 M24 以上的丝锥，一般每组有 3 个。主要是小直径丝锥强度小，容易断；大直径丝锥切削余量大，需要分多次切削。

铰杠是扳转丝锥的工具，如图 11.27 所示。常用的是可调节式，以便夹持各种不同尺寸的丝锥。

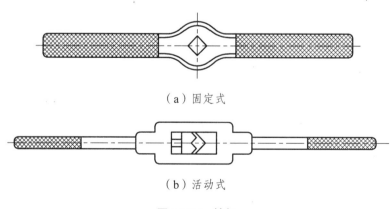

（a）固定式

（b）活动式

图 11.27 铰杠

2. 攻螺纹的操作要点及注意事项

（1）根据工件上螺纹孔的规格，正确选择丝锥，先头锥后二锥，不可颠倒使用。

（2）工件装夹时，要使孔中心垂直于钳口，防止螺纹攻歪。

（3）用头锥攻螺纹时，先旋入 1~2 圈后，要检查丝锥是否与孔端面垂直（可目测或直角尺在互相垂直的两个方向检查）。当切削部分已切入工件后，每转 1~2 圈应反转 1/4 圈，以便切屑断落；同时不能再施加压力（即只转动不加压），以免丝锥崩牙或攻出的螺纹齿较瘦。

（4）攻钢件上的内螺纹，要加机油润滑，可使螺纹光洁、省力和延长丝锥使用寿命；攻铸铁上的内螺纹可不加润滑剂，或者加煤油；攻铝及铝合金、紫铜上的内螺纹，可加乳化液。

（5）不要用嘴直接吹切屑，以防切屑飞入眼内。

11.5.2 套螺纹

套螺纹是用板牙在圆杆上加工外螺纹的操作。

1. 套螺纹工具

套螺纹用的工具是板牙和板牙架。板牙有固定的和开缝的（可调的）两种。板牙由切屑部分、定位部分和排屑孔组成。圆板牙螺孔的两端有 40° 的锥度部分，是板牙的切削部分。定位部分起修光作用。板牙的外圆有一条深槽和四个锥坑，锥坑用于定位和紧固板牙。图 11.28 所示为开缝式板牙，其螺纹孔的大小可作微量的调节。套螺纹用的板牙架如图 11.29 所示，板牙架是用来夹持板牙、传递扭矩的工具。不同外径的板牙应选用不同的板牙架。

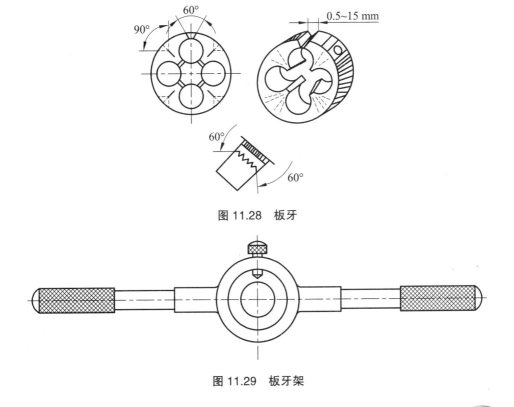

图 11.28 板牙

图 11.29 板牙架

2. 套螺纹的操作要点和注意事项

（1）每次套螺纹前应将板牙排屑槽内及螺纹内的切屑清除干净。

（2）套螺纹前要检查圆杆直径大小和端部倒角。

（3）套螺纹时切削扭矩很大，易损坏圆杆的已加工面，所以应使用硬木制的 V 形槽衬垫或用厚铜板作保护片来夹持工件。工件伸出钳口的长度，在不影响螺纹要求长度的前提下，应尽量短。

（4）套螺纹时，板牙端面应与圆杆垂直，操作时用力要均匀。开始转动板牙时，要稍加压力，套入 3 ~ 4 牙后，可只转动而不加压，并经常反转，以便断屑。

（5）在钢制圆杆上套螺纹时要加机油润滑。

11.6 装 配

把合格的零件按照规定的技术要求连接成为部件或机器的操作过程成为装配。装配是整个制造过程的最后工作环节，直接影响到产品的质量好坏，因此，装配在机械制造过程中占有关键的地位。

11.6.1 装配的组合形式

装配过程一般可分为组件装配、部件装配和总装配。

（1）组件装配。将若干个零件安装在基础件上构成组件的工艺过程。

（2）部件装配。将若干个零件或组件安装在另一个基础件上构成部件的工艺过程。

（3）总装配。将若干个零件、组件及部件安装在一个基础件上构成整个产品的工艺过程。

11.6.2 常见零件的装配

1. 螺纹连接的装配

螺纹连接零件的配合应注意松紧适当，拧紧的顺序要正确，要分 2 ~ 3 次逐步拧紧。

零件与螺母的贴合面应平整光洁，否则螺纹容易松动。为提高贴合面质量，可加垫圈。在交变载荷和振动条件下工作的螺纹连接，有逐渐自动松开的可能，为防止螺纹连接的松动，可用弹簧垫圈、止退垫圈、开口销和止动螺钉等防松装置。装配时常用的工具有扳手、指针式扭力扳手、一字（或十字）旋具等。

2. 滚动轴承的装配

滚动轴承的内圈与轴颈以及外圈与机体孔之间的配合多为较小的过盈配合，常用锤子或压力机压装，为了使轴承圈受到均匀加压，采用垫套加压。轴承压到轴上时，应通过垫套施力于内圈端面；轴承压到机体孔中时，应施力于外圈端面；若同时压到轴上和机体孔中，则内外圈端面应同时加压。若轴承与轴颈是较大的过盈配合，则最好将轴承吊在 80 ~ 90 ℃ 的热油中加热，然后趁热装入。

3. 圆柱齿轮的装配

圆柱齿轮传动装配的主要技术要求是保证齿轮传递运动的准确性，相啮合的轮齿表面接触良好以及齿侧间隙符合规定等。

为保证传递运动的准确性，保持轮齿的良好接触，以及符合规定的齿侧间隙，齿轮装配时要控制齿圈的径向圆跳动及端面圆跳动在规定的公差范围内。齿面接触的情况可用涂色法检验。在单件小批生产时，可把装有齿轮的轴放在两顶尖之间，用百分表进行检查。齿侧间隙的测量方法可用塞尺，对大模数齿轮则用铅丝，即在两齿间沿齿长方向放置 3 ~ 4 根铅丝，齿轮转动时，铅丝被压扁，测量压扁后的铅丝厚度即可知其侧隙。

11.6.3　拆　卸

当机器使用一段时间后，由于运转磨损，常要拆卸修理或更换零件。拆卸应注意如下事项：

（1）机器拆卸工作，应按其结构的不同，预先考虑操作顺序，以免先后倒置，或贪图省事猛拆猛敲，造成零件的损伤或变形。

（2）拆卸的顺序，应与装配的顺序相反。

（3）拆卸时，使用的工具必须保证对合格零件不会发生损伤，严禁用手锤直接在零件的工作表面上敲击。

（4）拆卸时，零件的旋松方向必须辨别清楚。

（5）拆下的零部件必须有次序、有规则地放好，并按原来结构套在一起，配合件上做记号，以免错乱。对丝杠、长轴类零件必须将其吊起，防止变形。

思考与练习

11.1　工件加工前为什么要划线？常用的划线工具有哪些？

11.2　试述平面划线的基本过程。

11.3　什么叫划线基准？如何选择划线基准？

11.4　锯切可应用在哪些场合？试举例说明。

11.5　怎样选择锯条？怎样安装锯条？

11.6　锉平面为什么会锉成鼓形？如何克服？

11.7　钻床一般包括哪些？台式钻床由哪些组件构成？

11.8　麻花钻、扩孔钻和铰刀在结构上有何不同？加工质量上有哪些不同？

11.9　钻孔、扩孔和铰孔时，所用刀具和操作方法有什么区别？为什么扩孔的质量比钻孔要高？

11.10　攻螺纹时的操作要点和主要事项是什么？

11.11　为什么套螺纹前要检查圆杆直径？为什么圆杆要倒角？

第12章 机械与模具拆装

12.1 概 述

　　机械专业的学生在学习了机械制图、工程力学、几何精度测量、机械原理、机械设计、机械CAD等课程以后，为进一步培养学生独立设计的能力，还要进行2~3周的综合设计能力训练。减速器是一种普遍通用的机械设备，其结构包括了传统设计（直齿轮、斜齿轮、锥齿轮、蜗杆等），支撑件设计（轴、轴承等），箱体设计及密封等，它是培养学生独立完成设计任务的良好参照设备。模具的生产和使用在机械行业中也非常重要，本章将对这两种典型装备的拆装进行讲解。

12.2 单级蜗杆减速器拆装工艺

1. 测量及拆装工具

常用的测量及拆装工具有：游标卡尺，钢板尺，活动扳手和呆扳手，十字改锥和一字改锥。

2. 拆装步骤

（1）拧下轴承端盖上的螺栓，取下轴承端盖及调整垫片。

（2）拧下上下箱体连接螺栓及轴承旁连接螺栓。

（3）卸下齿轮和蜗杆等零件。然后分析各零件之间的关系，它们各自的形状、结构和作用。

（4）测量减速器上部分尺寸及参数，将数据做好记录，并对减速器进行描绘。

（5）擦净拆下的各零件并（用铜套等辅具）依次装回。

（6）装好箱盖，检查减速器是否运转正常。

图 12.1 所示为单级蜗杆减速器，图 12.2 所示为单级蜗杆减速器蜗杆与蜗轮的联动状态。

图 12.1　单级蜗杆减速器

图 12.2　蜗杆与蜗轮连动状态

12.3　模具拆装工艺

实习中的模具主要分注塑模和冲压模等，现以冲压模中的冲裁模为例介绍模具的拆装工艺过程。

12.3.1　冲裁模装配的一般工艺

1. 确定装配顺序
装配顺序的选择关键是要保证凸、凹模的相对位置精度，使其间隙均匀。通常是先装基准件，再装关联件，然后调整凸模、凹模间隙，最后装其他辅件。

2. 确定装配基准
装配基准件是起到连接其他零部件的作用，并决定了这些零件之间的正确的相互位置。冲模中常用凸、凹模及其组件或导向板、固定板作为基准件。

3. 装配模具固定部分的相关零件
如与下模座相连的凹模、凹模固定板、定位板等。

4. 装配模具活动部分的相关零件
如与上模座相连的凸模、凸模固定板、卸料板等。

5. 组　合
将凸模部件和凹模部件组合起来，调整凸模与凹模之间的间隙，使间隙符合设计要求。

6. 最后紧固
间隙调整好后，把紧固件拧紧，然后再一次检查配合间隙。

7. 检查装配质量
检查凸、凹模的配合间隙，各部分的连接情况及模具的外观质量。

12.3.2　冲模的安装与调整

1. 冲模的安装
冲模是通过模柄安装在冲床上，装模时必须使模具的闭合高度介于冲床的最大闭合高度和最小闭合高度之间，通常应满足：

$$(H_{min} - H_1) + 10 \leqslant h \leqslant (H_{max} - H_1) - 5$$

式中：H_{max}——冲床最大闭合高度，即滑块位于下死点位置，连杆调至最短时，滑块端面至工作台面的距离；

H_{min}——冲床最小闭合高度，即滑块位于下死点位置，连杆调至最长时，滑块端面至工作台面的距离；

H_1——冲床垫板的厚度；

h——模具的闭合高度，即合模状态下，上模座至下模座的距离，如图 12.3 所示。

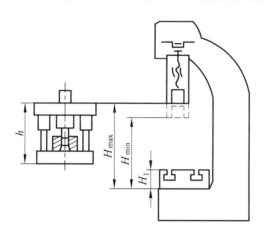

图 12.3　冲模安装尺寸

2. 冲模的调整

（1）凸、凹模刃口间隙的调整。

凸、凹模要吻合，深度要适中，可通过调整冲床连杆长度和下模座前后左右的位置来实现，以能冲出合格件为准。

（2）卸料系统的调整。

卸料板的形状要与工件贴合，行程要足够大，卸料弹簧或橡皮的弹力应能顺利把料卸下。漏料槽和出料孔应畅通无阻。

12.3.3　冲模的拆卸

1. 拆卸的顺序

拆卸时应与装配的顺序相反，一般应先拆卸外部附件，然后按总成、部件的顺序进行拆卸。部件或组件的拆卸应按先外后内，先上后下的顺序。某些组件是过盈配合，压装后又进行了精加工，最好不要拆卸，如凸模与凸模固定板、上模座与模柄、模座与导柱、导套等。

2. 拆卸件的标记

拆卸前要测量（或作记号）有关调整件的相对位置，拆下时要安排好次序，做好标记。装配时能迅速准确地调整到原先的相对位置，主要是凸模、凹模、导向装置和定位装置之间的位置。

3. 拆卸的注意事项

（1）严禁用硬手锤直接对零件的工作表面敲击，造成零件的损伤或变形。

（2）尽可能使用专用工具，如各种拉出器、固定扳手等。

（3）拆卸螺纹连接件，必须辨别清楚回松的方向（左旋或右旋螺纹）。

（4）重要零部件要仔细存放，防止弯曲、变形或碰伤，如凸模刃口、模架导向装置等。

12.3.4　冲压模具的结构分析与拆装实验

通过拆装冲压模具，并对其结构进行分析，目的是了解实际生产中各种冲压模具的结构、组成及模具各部分的作用，了解冲压模具凸、凹模的一般固定方式，并掌握正确拆装冲压模具的方法。

1. 工具、量具及模具的准备

（1）单工序冲模、单工序拉深模和复合模若干套，每套模具最好配有相应的成型零件，以便对照零件分析模具的工作原理和结构。

（2）拆装用具（锤子、铜棒、扳手及螺丝刀等）、量具（直尺、游标卡尺及塞尺等）以及煤油、棉纱等清洗用辅料。

2. 拆装内容及步骤

（1）打开上、下模，认真观察模具结构，测量有关调整件的相对位置（或作记号），并拟定拆装方案，经指导人员认可后方可进行拆装工作。

（2）按所拟拆装方案拆卸模具。注意某些组件是过盈配合，最好不要拆卸，如凸模与凸模固定板、上模座与模柄、模座与导柱、导套等。

（3）对照实物画出模具装配图（草图），并标出各零件的名称，如图 12.4 所示。

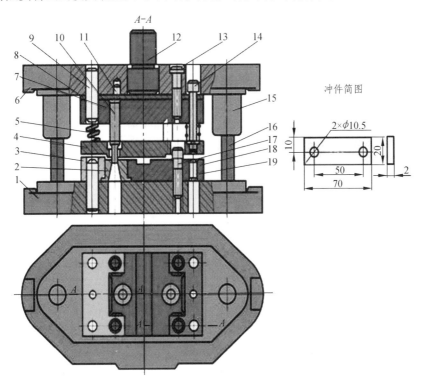

图 12.4　冲孔模

1—下模座；2—凹模；3—定位板；4—弹压卸料板；5—弹簧；6—上模座；
7、18—固定板；8—垫板；9、11、19—定位销钉；10—凸模；
12—模柄；13、14、17—螺钉；15—导套；16—导柱

（4）观察模具与成型零件，分析模具中各零件的材料、热处理要求和在模具中的作用，如表 12.1 所示。

（5）画出所冲压的工件图。

（6）观察完毕将模具各零件擦拭干净、涂上机油，按正确装配顺序装配好。

（7）检查装配正确与否后，在冲床上安装和调整冲模，并试冲出冲压件。

（8）整理清点拆装用工具。

3．实验报告要求

（1）画出一幅模具的装配草图和工作零件图；注明模具各主要零件的名称、所用材料、热处理要求和用途。

（2）模具结构分析。

① 分析工件图；

② 分析模具的结构特点；

③ 说明模具的动作过程。

表 12.1　冲孔模中各零件的材料、热处理要求和作用

序号	零件名称	材料	热处理及硬度要求	零件在模具中的作用
1	下模座	HT200		安装导柱、凹模、固定板等
2	凹模	Cr12MoV	淬火、回火 58～62 HRC	冲压的工作零件
3	定位板	45	淬火、回火 30～40 HRC	对冲压件定位
4	弹压卸料板	45	淬火、回火 30～40 HRC	卸料用途
5	弹簧	65Mn	淬火、中温回火	对卸料板产生卸料推力
6	上模座	HT200		安装导套、模柄、凸模固定板等
7、18	固定板	45	淬火、回火 30～40 HRC	分别固定凸模和凹模
8	垫板	45	淬火、回火 30～40 HRC	支承作用
9、11、19	销钉	35	淬火、回火 30～40 HRC	对固定板、垫板起定位作用
10	凸模		淬火、回火 58～62 HRC	冲压的工作零件
12	模柄	Q235		与冲床的滑块连接
13、14、17	螺钉	45		紧固固定板等
15	导套	20	渗碳、58～62 HRC	导向作用
16	导柱	20	渗碳、58～62 HRC	导向作用

思考与练习

12.1　减速器的用途是什么？常用的有哪些类型？

12.2　减速器的传动原理是什么？单级蜗杆减速器是通过怎样的动力转换来实现传动的？

12.3　冲模的装配基准件和装配顺序应如何选择？

12.4　冲模的拆卸应注意哪些事项？

12.5　如何安装调试冲模？如果冲床曲轴位于上限，连杆调至最短，此时安装冲模会有何危险？

第13章 数控加工基础

13.1 数控加工的基础知识

科学技术和社会生产的不断发展,对机械产品的质量和生产率提出了越来越高的要求。机械加工工艺过程的自动化是实现上述要求的最重要措施之一。许多生产企业已经采用了自动机床、组合机床和专用自动生产线等设备,这些设备不仅能够提高产品的质量,提高生产效率,降低生产成本,还能够大大改善工人的劳动条件。这些设备产生显著经济效益的基础是加工过程的大批量,但是,在机械制造工业中并不是所有的产品零件都具有很大的批量,单件与小批生产的零件(批量在 10 ~ 100 件)越来越普遍,目前约占机械加工总量的 80% 以上。机械制造业正经历着从大批量到小批量及单件生产的转变过程,因此,传统的自动生产设备已满足不了当前技术的发展和市场经济的要求,而数控技术的出现及发展,有效地解决了这些问题,它使传统的制造方式发生了根本的转变。目前,数控技术已成为制造业实现自动化、柔性化、集成化生产的基础技术,现代的 CAD/CAM,FMS 和 CIMS、敏捷制造和智能制造等,都是建立在数控技术之上。

计算机数控系统简称 CNC 系统,基于 CNC 系统的优点有:

1. 灵活性

灵活性是 CNC 系统的突出优点。对于传统的 NC 系统而言,一旦提供了某些控制功能,就不能被改变,除非改变相应的硬件。而对于 CNC 系统而言,只要改变相应的控制程序就可以补充和开发新的功能,并不必制造新的硬件。CNC 系统能够随着工厂的发展而发展,也能适应将来改变工艺的要求。在 CNC 设备安装之后,新的技术还可以补充到系统中去,这就延长了系统的使用期限。因此,CNC 系统具有很大的"柔性"——灵活性。

2. 可靠性

在 CNC 系统中,加工程序常常是一次送入计算机存储器内,避免了在加工过程中由于纸带输入机的故障而产生的停机现象。同时,由于许多功能都由软件实现,硬件系统所需元器件数目大为减少,整个系统的可靠性大大改善,特别是随着大规模集成电路和超大规模集成电路的采用,系统可靠性更为提高。

3. 通用性

在 CNC 系统中,硬件系统采用模块结构,依靠软件变化来满足被控设备的各种不同要求。采用标准化接口电路,给机床制造厂和数控用户带来了许多方便。于是,用一种 CNC 系统就可能满足大部分数控机床如车床、铣床、加工中心等等的要求,还能满足某些别的设备应用。当用户要求某些特殊功能时,仅仅是改变某些软件而已。由于在工厂中使用同一类型的控制系统,培训和学习也十分方便。

4. 易于实现机电一体化

由于 CNC 系统的电路板上采用大规模集成电路和先进的印刷电路板技术，只要采用数块印刷电路板就可以构成整个控制系统，将数控装置连同操作面板装入一个较小的数控电箱内，这在很大程度上促进了机电一体化。

5. 使用及维修方便

CNC 系统的一个吸引人的特点是有一套诊断程序，当数控系统出现故障时，能显示出故障信息，使操作和维修人员能了解故障部位，减少了维修的停机时间。另外，还可以备有数控软件检查程序，防止输入非法数控程序或语句，这将给编程带来许多方便。有的 CNC 系统还有对话编程、蓝图编程，使程序编制简便，一般的专业编程人员就能编制程序，零件程序编好后，可显示程序，甚至通过空运行，将刀具轨迹显示出来，检验程序是否正确。

13.2 数控加工与数控机床

13.2.1 数控加工的基本概念

数控即为数字控制（Numerical Control），简称数控（NC），是用数字化信号对机床的运动及其加工过程进行控制的一种方法。

数控机床的运作方式是将加工过程所需的各种操作（如主轴变速，松夹工件，进刀与退刀，自动关停冷却液等）和步骤以及工件的形状尺寸用数字化的代码表示，通过控制介质将数字信息进行处理与运算，发出各种控制信号，控制机床的伺服系统或其他驱动元件，从而使机床自动加工出所需的工件。

数控系统是数字控制系统的简称，根据计算机的控制程序，执行部分或全部数值控制功能，并配有接口电路和伺服驱动装置的专用计算机系统。数控系统通过利用数字、文字和符号组成的数字指令来实现一台或多台机械设备动作控制，它所控制的通常是位置、角度、速度等机械量和开关量。数控机床中的程序控制系统能够自动阅读输入载体上事先给定的程序，并将其译码，从而使机床运动和加工工件。

13.2.2 数控机床的工作原理

数控机床是由程序编制及程序载体、输入装置、数控装置（CNC）、伺服驱动及位置检测、辅助控制装置、机床本体等几部分组成，如图 13.1 所示。

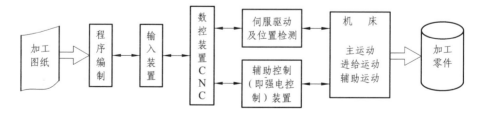

图 13.1 数控机床工作原理图

1. 程序编制及程序载体

数控程序是数控机床自动加工零件的工作指令。在对加工零件进行工艺分析的基础上，确定零件坐标系在机床坐标系上的相对位置；刀具与零件相对运动的尺寸参数；零件加工的工艺路线、切削加工的工艺参数以及辅助装置的动作等。得到零件的所有运动、尺寸、工艺参数等加工信息后，用由文字、数字和符号组成的标准数控代码，按规定的方法和格式，编制零件加工的数控程序单。编制程序的工作可由人工进行；对于形状复杂的零件，则要在专用的编程机或通用计算机上进行自动编程（APT）或 CAD/CAM 设计。编好的数控程序，存放在便于输入到数控装置的一种存储载体上。

2. 输入装置

输入装置的作用是将程序载体上的数控代码传递并存入数控系统内。根据控制存储介质的不同，输入装置可以是光电阅读机、磁带机或软盘驱动器等，数控加工程序也可通过键盘用手工方式直接输入数控系统。

3. 数控装置

数控装置是数控机床的核心，主要由计算机系统、位置控制板、PLC 接口板，通信接口板、特殊功能模块以及相应的控制软件等组成。数控装置从内部存储器中取出或接受输入装置送来的一段或几段数控加工程序，经过数控装置的逻辑电路或系统软件进行编译、运算和逻辑处理后，输出各种控制信息和指令，控制机床各部分的工作，使其进行规定的有序运动和动作。

4. 驱动装置和位置检测装置

驱动装置接受来自数控装置的指令信息，经功率放大后，严格按照指令信息的要求驱动机床移动部件，以加工出符合图样要求的零件。因此，它的伺服精度和动态响应性能是影响数控机床加工精度、表面质量和生产率的重要因素之一。驱动装置包括控制器（含功率放大器）和执行机构两大部分。目前，大都采用直流或交流伺服电动机作为执行机构。

位置检测装置将数控机床各坐标轴的实际位移量检测出来，经反馈系统输入到机床的数控装置之后，数控装置将反馈回来的实际位移量值与设定值进行比较，控制驱动装置按照指令设定值运动。

5. 辅助控制装置

辅助控制装置的主要作用是接收数控装置输出的开关量指令信号，经过编译、逻辑判别和运动，再经功率放大后驱动相应的电器，带动机床的机械、液压、气动等辅助装置完成指令规定的开关量动作。这些控制包括主轴运动部件的变速、换向和启停指令，刀具的选择和交换指令，冷却、润滑装置的启动停止，工件和机床部件的松开、夹紧，分度工作台转位分度等开关辅助动作。

6. 机床本体

机床本体指的是数控机床机械机构实体，包括床身、主轴、进给机构等机械部件。由于数控机床是高精度和高生产率的自动化机床，它与传统的普通机床相比，应具有更好的刚性和抗振性，相对运动摩擦系数要小，传动部件之间的间隙要小，而且传动和变速系统要便于实现自动化控制。

13.2.3 数控机床的分类

数控机床的种类很多，可以按不同的方法对数控机床进行分类。

按工艺用途可分为：数控车床、数控铣床、数控钻床、数控磨床、数控镗铣床、数控电火花加工机床、数控线切割机床、数控齿轮加工机床、数控冲床、数控液压机等各种用途的数控机床。

按运动方式分为：

（1）点位控制机床。

只控制刀具从一点向另一点移动，而不管其中间行走轨迹的控制方式。在从点到点的移动过程中，只作快速空程的定位运动，因此不能用于加工过程的控制。

（2）直线控制机床。

可控制刀具相对于工作台以适当的进给速度，沿着平行于某一坐标轴方向或与坐标轴成45°的斜线方向作直线轨迹的加工。

（3）轮廓控制机床。

可控制刀具相对于工件作连续轨迹的运动，能加工任意斜率的直线，任意大小的圆弧，配以自动编程计算，可加工任意形状的曲线和曲面。

按伺服控制方式分为：

（1）开环控制系统。

开环控制系统是指不带反馈装置的控制系统，由步进电机驱动线路和步进电机组成，如图13.2所示。数控装置经过控制运算发出脉冲信号，每一脉冲信号使步进电机转动一定的角度，通过滚珠丝杠推动工作台移动一定的距离。

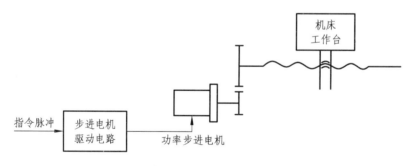

图 13.2　开环控制系统

开环控制伺服机构比较简单，工作稳定，容易掌握使用，但精度和速度的提高受到限制。

（2）半闭环控制系统。

如图13.3所示，半闭环控制系统是在开环控制系统的伺服机构中装有角位移检测装置，通过检测伺服机构的滚珠丝杠转角间接检测移动部件的位移，然后反馈到数控装置的比较器中，与输入原指令位移值进行比较，用比较后的差值进行控制，使移动部件补充位移，直到差值消除为止的控制系统。

半闭环控制伺服机构所能达到的精度、速度和动态特性优于开环伺服机构，为大多数中小型数控机床所采用。

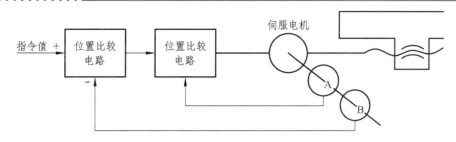

图 13.3　半闭环控制系统

（3）闭环控制系统。

如图 13.4 所示，闭环控制系统是在机床移动部件位置上直接装有直线位置检测装置，将检测到的实际位移反馈到数控装置的比较器中，与输入的原指令位移值进行比较，用比较后的差值控制移动部件作补充位移，直到差值消除时才停止移动，达到精确定位的控制系统。

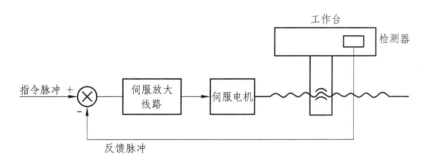

图 13.4　闭环控制系统

闭环控制系统的定位精度高于半闭环控制，但结构比较复杂，调试维修的难度较大，常用于高精度和大型数控机床。

13.2.4　数控机床的坐标系统

在数控编程过程中，为了确定刀具与工件的相对位置，必须通过机床参考点和坐标系描述刀具的运动轨迹，因此需要在机床上建立一个坐标系，这个坐标系就叫机床坐标系。在国际 ISO 标准中，数控机床坐标轴和运动方向的设定均已标准化，我国机械工业部 1982 年颁布的 JB3052—82 标准与国际 ISO 标准等效。

1. 坐标系的确定原则

（1）刀具相对于静止工件而运动的原则。

这个原则规定不论数控机床是刀具运动还是工件运动，编程时均以刀具的运动轨迹来编写程序，这样可按零件图的加工轮廓直接确定数控机床的加工过程。

（2）标准坐标系的规定。

准坐标系是一个直角坐标系，如图 13.5（a）所示，按右手直角坐标系规定，右手的拇指、食指和中指分别代表 X、Y、Z 三根直角坐标轴的方向；如图 13.5（b）所示，旋转方向按右手螺旋法则规定，四指顺着轴的旋转方向，拇指与坐标轴同方向为轴的正旋转，反之为轴的反旋转，图中 A、B、C 分别代表围绕 X、Y、Z 三根坐标轴的旋转方向。

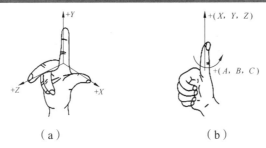

（a） （b）

图 13.5　右手直角坐标系

（3）坐标轴正负的规定。

使刀具与工件之间距离增大的方向规定为轴的正方向，反之为轴的反方向。

2. 机床坐标轴的确定方法

Z 轴表示传递切削动力的主轴，X 轴平行于工件的装夹平面，一般取水平位置，根据右手直角坐标系的规定，确定了 X 和 Z 坐标轴的方向，自然能确定 Y 轴的方向。

（1）车床坐标系。

如图 13.6 所示，Z 坐标轴与车床的主轴同轴线，刀具横向运动方向为 X 坐标轴的方向，旋转方向 C 表示主轴的正转。

（2）立式铣床坐标系。

如图 13.7 所示，Z 坐标轴与立式铣床的直立主轴同轴线，面对主轴，向右为 X 坐标轴的正方向，根据右手直角坐标系的规定确定 Y 坐标轴的方向朝前。

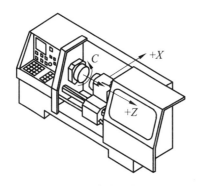
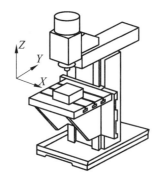

图 13.6　车床坐标系　　　图 13.7　立铣床坐标系

（3）卧式铣床坐标系。

如图 13.8 所示，Z 坐标轴与卧式铣床的水平主轴同轴线，面对主轴，向左为 X 坐标轴的正方向，根据右手直角坐标系的规定确定 Y 坐标轴的方向朝上。

3. 两种坐标系

数控机床坐标系有机床坐标系和工件坐标系，其中工件坐标系又称为编程坐标系。

（1）机床坐标系。

机床坐标系 XYZ 是生产厂家在机床上设定的坐标系，其原

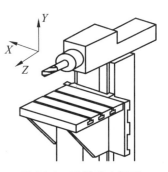

图 13.8　卧铣床坐标系

点是机床上的一个固定点,作为数控机床运动部件的运动参考点,在一般数控车床中,如图 13.9 所示,原点为卡盘端面与主轴轴线的交点;在一般数控立铣床中,原点为运动部件在 X、Y、Z 三根坐标轴反方向运动的极限位置的交点,即在此状态下的工作台左前角上。

(2)工件坐标系。

设定工件坐标系 $X_pY_pZ_p$ 是为了编程方便。设置工件坐标系原点的原则尽可能选择在工件的设计基准和工艺基准上,工件坐标系的坐标轴方向与机床坐标系的坐标轴方向保持一致。如图 13.10 所示,在数控车床中,原点 O_p 点一般设定在工件的右端面与主轴轴线的交点上。如图 13.11 所示,在数控铣床中,Z 轴的原点一般设定在工件的上表面,对于非对称工件,X、Y 轴的原点一般设定在工件的左前角上;对于对称工件,X、Y 轴的原点一般设定在工件对称轴的交点上。

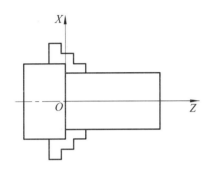

图 13.9 数控车床坐标系的原点

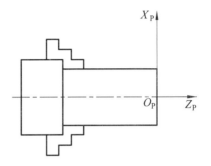

图 13.10 数控车床工件坐标系的原点

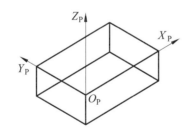

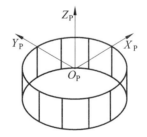

图 13.11 数控铣床工件坐标系的原点

13.2.5 刀具补偿

由于 CNC 系统通过控制刀架的参考点实现加工轨迹,但实际上切削时是使用刀尖或刀刃边缘完成,这样就需要在刀架参考点与刀具切削点之间进行位置偏置,从而使数控系统的控制对象由刀架参考点变换到刀尖或刀刃边缘。这种变换的过程就称之为刀具补偿。

刀具补偿一般分成刀具长度补偿和刀具半径补偿,并且对于不同类型的机床与刀具,需要考虑的补偿形式也不一样。对于铣刀而言,主要是刀具半径补偿;对于钻头而言,只有刀具长度补偿;但对于车刀而言,却需要刀具位置补偿和刀具半径补偿。其中有关的刀具参数,如刀具半径、刀具长度、刀具中心的偏移量等均是预先存入刀补表的,不同的刀补号对应着不同的参数,编程员在进行程序编制时,通过调用不同的刀具号来满足不同的刀补要求。以下是对数控车床的刀具具体说明。

1. 刀具位置补偿

建立刀具位置补偿后，刀具磨损或重新安装刀具引起的刀具位置变化，其加工程序不需要重新编制。补偿的方法是测出每把刀具的位置并输入到指定的存储器内，程序执行刀具补偿指令后，刀具的实际位置就代替了原来位置。

如果没有刀具补偿，刀具从 0 点移动到 1 点，对应程序段是 N60 G00 C45 X93 T0200。如果刀具补偿是 $X=+3$，$Z=+4$，并存入对应补偿存储器中，执行刀补后，刀具将从 0 点移动到 2 点，而不是 1 点，对应程序段是 N60 G00 X45 Z93 T0202。

2. 刀具圆弧半径补偿

编制数控车床加工程序时，车刀刀尖被看做是一个点，但实际上为了提高刀具的使用寿命和降低工件表面粗糙度，车刀刀尖被磨成半径不大的圆弧，这必将产生加工工件的形状误差。另一方面，刀尖圆弧所处位置，车刀的形状对工件加工也将产生影响，在没有刀具圆弧半径补偿功能时，按哪点编程，则该点按编程轨迹运动，产生过切或少切的大小和方向因刀尖圆弧方向及刀尖位置方向而异。当有刀具圆弧半径补偿功能时，这些问题可用刀补功能来解决，先定义上述需要修正的参数，其中刀尖位置方向号从 0～9 有 10 个方向号。当按假想刀尖 A 点编程时，刀尖位置方向因安装方向不同、从刀尖圆弧中心到假想刀尖的方向，有 8 种刀尖位置方向号可供选择，并依次设为 1～8 号；当按刀尖圆弧中心 O 点编程时，刀尖位置方向则设定为 0 或 9 号。

刀尖半径补偿的加入是执行 G41 或 G42 指令时完成的，当前面没有 G41 或 G42 指令时，可以不用 G40 指令，而且直接写入 G41 或 G42 指令即可；发现前面为 G41 或 G42 指令时，则先应指定 G40 指令取消前面的刀尖半径补偿后，在写入 G41 或 G42 指令，刀尖半径补偿的取消是在 G41 或 G42 指令后面，加 G41 指令完成。

13.2.6　数控机床的工作过程

在数控机床上加工零件的过程通常经过以下几个步骤，如图 13.12 所示。

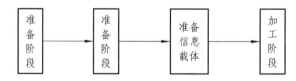

图 13.12　数控加工工作步骤

1. 准备阶段

根据加工零件的图纸，确定有关加工数据（刀具轨迹坐标点、加工的切削用量、刀具尺寸信息等）。根据工艺方案、选用的夹具、刀具的类型等选择有关其他辅助信息。

2. 编程阶段

根据加工工艺信息，用机床数控系统能识别的语言编写数控加工程序（对加工工艺过程的描述），并填写程序单。

3. 准备信息载体

根据已编好的程序单，将程序存放在信息载体（穿孔带、磁带、磁盘、等）上，通过信息载体将全部加工信息传给数控系统。若数控加工机床与计算机联网时，可直接将信息载入数控系统。

4. 加工阶段

当执行程序时，机床数控系统（CNC）将加工程序语句译码、运算，转换成驱动各运动部件的动作指令，在系统的统一协调下驱动各运动部件的适时运动，自动完成对工件的加工。

13.3　数控编程

数控编程是数控加工准备阶段的主要内容，通常包括分析零件图样，确定加工工艺过程；计算走刀轨迹，得出刀位数据；编写数控加工程序；制作控制介质；校对程序及首件试切。总之，它是从零件图纸到获得数控加工程序的全过程。数控编程分为手工编程和自动编程。

1. 手工编程和自动编程

手工编程是指编程的各个阶段均由人工完成，它是利用一般的计算工具，通过各种数学方法，人工进行刀具轨迹的运算，并进行指令编制。

手工编程方式比较简单，很容易掌握，适应性较大。适用于中等复杂程度程序、计算量不大的零件编程，对机床操作人员来讲必须掌握。但手工编程对于具有空间自由曲面、复杂型腔的零件，刀具轨迹数据计算相当繁琐，工作量大，极易出错，且很难校对，有些甚至根本无法完成。

自动编程是借助计算机使用规定的数控语言编写零件源程序，经过处理后生成加工程序，适用于几何形状复杂的零件加工。

数控编程同计算机编程一样也有自己的"语言"，但有一点不同的是，现在电脑发展到了以微软的 Windows 为绝对优势占领全球市场，数控机床就不同了，它还没发展到那种相互通用的程度，也就是说，它们在硬件上的差距造就了它们的数控系统一时还不能达到相互兼容，所以，当我要对一个毛坯进行加工时，首先要清楚我们已经拥有的数控机床采用的是什么型号的系统。常用的自动编程软件系统包括 UG、Catia、Pro/E、Cimatron、Mastercam、FeatureCAM，等等。

2. 数控编程的步骤

数控加工程序编制的步骤是：

（1）分析零件图确定工艺过程。对零件图样要求的形状、尺寸、精度、材料及毛坯进行分析，明确加工内容与要求；确定加工方案、走刀路线、切削参数以及选择刀具及夹具等。

（2）数值计算。根据零件的几何尺寸、加工路线、计算出零件轮廓上的几何要素的起点、终点及圆弧的圆心坐标等。

（3）编写加工程序。在完成上述两个步骤后，按照数控系统规定使用的功能指令代码和程序段格式，编写加工程序单。

（4）将程序输入数控系统。程序的输入可以通过键盘直接输入数控系统，也可以通过计算机通信接口输入数控系统。

（5）检验程序与首件试切。利用数控系统提供的图形显示功能，检查刀具轨迹的正确性。对工件进行首件试切，分析误差产生的原因，及时修正，直到试切出合格零件。

思考与练习

13.1 CNC 系统有什么优点？

13.2 数控机床由哪几部分组成？

13.3 按伺服控制方式分类，数控机床可分为哪几类？有哪些优缺点？

13.4 按运动方式数控机床分哪几类？

13.5 怎样确定机床坐标轴？

13.6 手工编程有哪些优缺点？

13.7 数控编程要经过哪几个步骤？

第14章　数控车削

14.1　数控车削概述

数控车削是指数字化控制车床加工的工艺方法；在传统车床基础上加入了数控系统和驱动系统，形成了数控车床。数控车床大致可分为经济型数控车、全功能数控车和车铣复合机床等。数控车削具有自动化、精度高、效率高和通用性好等特点，适用于复杂零件和大批量生产。

数控车床一般分为卧式（水平导轨和倾斜导轨）和立式两大类。配备多工位刀塔或动力刀塔的数控车床也称车削中心或车铣复合，它具有广泛的加工艺性能，可加工外圆、镗孔、螺纹、槽、蜗杆等复杂工件，具有直线插补、圆弧插补各种补偿功能。

14.2　数控车床的组成及工作原理

14.2.1　数控车床的组成

数控车床一般由车床主体、数控装置和伺服系统三大部分组成，如图 14.1 所示。

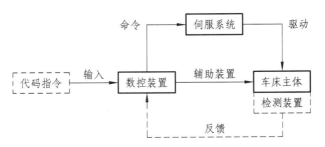

图 14.1　数控车床的基本组成

车床主体，是指车床机械结构部分，包括：主轴、导轨、机械传动机构、自动转动刀架、检测反馈装置和对刀装置等，具体可参考车床结构。

数控装置，数控装置的核心是计算机及其软件，主要作用：接收由加工程序送来的各种信息，并经处理和调配后，向驱动机构发出执行命令；在执行过程中，其驱动、检测等机构同时将有关信息反馈给数控装置，以便经处理后发出新的执行命令。

伺服系统，是数控装置指令的执行系统，动力和进给运动主要来源。主要由伺服电机及其控制器组成。

14.2.2　数控车床的工作过程

数控车床的工作过程如图 14.2 所示。

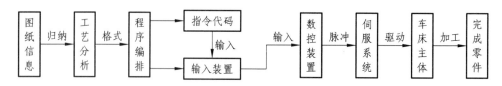

图 14.2　数控车床的工作过程

（1）根据需加工零件的形状、尺寸、材料及技术要求等内容，进行各项准备工作（包括图纸信息归纳、工艺分析、工艺设计、数值计算及程序设计等）。

（2）将上述程序和数据按数控装置所规定的程序格式编制出加工程序。

（3）将加工程序以代码形式输入数控装置，数控装置将代码转变为电信号输出。

（4）数控装置将电信号以脉冲信号形式向伺服系统发出执行的命令。

（5）伺服系统接到执行的信息指令后，立即驱动车床进给机构严格按照指令的要求进行位移，使车床自动完成相应零件的加工。

14.3　数控车削系统

14.3.1　编程概要

1. 轴定义

车床使用 X 轴、Z 轴组成的直角坐标系进行定位和插补运动。X 轴为工件的径向方向（X 轴正向指向车刀位置，通常 X 值表示该点处工件的直径值），Z 轴为工件的轴向方向（右边为 Z 轴正半轴）。

2. 机械原点

机械原点为车床上的固定位置，机械原点常装在 X 轴和 Z 轴的正方向的最大行程处。

3. 编程坐标

系统可用绝对坐标（X、Z 字段），相对坐标（U、W 字段），或混合坐标（X/Z、U/W 字段，绝对和相对坐标同时使用）进行编程。

4. 工件坐标系

系统以工件坐标系作为编程的坐标系，通常将工件旋转中心设置为 $X0.00$ 坐标位置，将中心线上的某一个有利于编程的点为 $Z0.00$ 坐标位置。

5. 坐标的单位及范围

系统使用直角坐标系，最小单位为 $0.001\ mm$，编程的最大范围是 $\pm 99\ 999.99$。

14.3.2　代码认识（以广州数控系统为例）

1. G 代码（主要功能）

表 14.1 所列为常用的 G 代码、组别及功能。G 代码有以下两种，非模态 G 代码：仅在被指定的程序段内有效的 G 代码；模态 G 代码：直到同一组的其他 G 代码被指定之前均有效的 G 代码。

表 14.1　G 代码、组别及功能

G 代 码	组 别	功 能
G00*	01	快速定位
G01	01	直线插补
G02	01	顺（时针）圆弧插补
G03	01	逆（时针）圆弧插补
G04	00	暂停、准停
G20	02	英制单位选择
G21*	06	公制单位选择
G28	00	自动返回机械零点
G32	01	等螺距螺纹切削
G50	00	设置工件坐标系
G70	00	精加工循环
G71	00	轴向粗车循环
G72	00	径向粗车循环
G73	00	封闭切削循环
G74	00	轴向切槽循环
G75	00	径向切槽循环
G90	01	轴向切削循环
G92	01	螺纹切削循环
G96	02	恒线速切削控制
G98	03	进给速度按每分钟设定
G99	03	进给速度按每转设定

注：（1）带"*"指令为系统上电时的默认设置。

（2）00 组代码为非模态代码，仅在所在的程序行内有效。

（3）其他组别的 G 指令为模态代码，此类指令设定后一直有效，直到被同组 G 代码取代。

2. M 代码（辅助功能）

表 14.2 所列为常用的 M 代码及功能。

表 14.2　M 代码及功能

M 代码	功　能	M 代码	功　能
M3	主轴正转	M0	程序暂停，按"循环启动"继续执行
M4	主轴反转	M2	程序结束，程序返回开始
M5	主轴停止	M30	程序结束，程序返回开始
M8	冷却液开	M98	调用子程序，格式为：M98 0000□□□□
M9	冷却液关	M99	子程序结束返回

3. **S 代码（主轴转速选择功能）**

S□□□：主轴转速指令，代码后带具体转速，单位为 r/min。通常与辅助代码 M3（正转）和 M4（反转）配合使用。

4. **T 代码（刀具选择功能）**

T 功能可控制多位自动刀架。

格式：T■■□□，其中前两位数字（■■）为选择机床刀具号，其数值的后两位（□□）用于指定刀具补偿（刀补）的补偿号。

刀具偏置号用于选择与偏置号相对应的刀补。刀补在对刀时通过键盘单元输入。相应的偏置号有两个刀补，一个用于 X 轴，另一个用于 Z 轴。使用多把刀加工时，必须先设置刀补。

14.4　数控车床基本操作（以 GSK980TDa 为例）

14.4.1　系统操作

1. GSK980TDa

GSK980TDa 的 LCD/MDI 面板如图 14.3 所示。

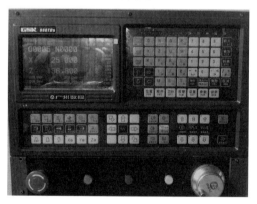

图 14.3　GSK980TDa 的 LCD/MDI1 面板

2. **手动进给**

在主菜单中按"手动"按键，进入手动方式。

（1）手动连续进给。

① 按下"手动"按键，这时液晶屏幕右下角显示"手动"。再选择移动轴，则机床沿着选

择轴方向移动。

② 选择相应的进给速率：进给速度百分率为 25%～100%，以 25% 递增或递减。

（2）快速进给。

按下"快速进给"键时，面板上指示灯亮，关时指示灯灭。选择为开时，手动以快速挡速度进给。

3．手轮进给

转动手摇脉冲发生器，可以使机床微量进给。按下手轮方式键，选择手轮操作方式，这时液晶屏幕右下角显示"手轮"。

（1）手摇脉冲发生器的右转为 + 方向，左转为 – 方向。

（2）选择手轮运动轴 在手轮方式下，按下相应的键，则选择其轴。

（3）选择移动量 按下增量选择键，选择移动增量，每一刻度的移动量分别为 0.001 mm、0.01 mm、0.1 mm。

4．录入方式（MDI 运转）

从 MDI 界面上输入一个程序段的指令，数控车床便按该程序段对工件进行加工。

例：X25 Z0 的输入方法如下。

（1）把方式选择于 MDI 界面（具体步骤为按"程序"键，按"翻页"键后进入该界面）。

（2）键入 X25，按"输入"键。X25 输入后被显示出来。

（3）输入 Z0，按"输入"键。Z0 输入后被显示出来。

（4）输入 G0，按"输入"键。G0 输入后被显示出来。

（5）按"循环启动"键。

5．定点对刀

（1）开机后按"程序"按钮，然后通过"翻页键"进入 MDI 界面。

（2）进入 MDI 界面后，选择"录入"按钮。

（3）输入代码"T0101"、"输入"，按"循环启动"按钮。

（4）输入代码："G0"、"输入"、"X50"、"输入"、"Z150"、"输入"，按"循环启动"。

（5）输入"S400"、"输入"、"M3"、"输入"，按"循环启动"按钮，机床开始转动。

（6）按"手轮"按钮，然后将刀尖移至工件端面右边，按"手动"按钮，按住"Z 负向"按钮沿着 Z 负向切削工件一段距离。

（7）按"手轮"按钮和"Z 向"按钮，用手轮将刀沿 Z 向移开，主轴停止，然后测量工件车削后的直径，并记录测量直径值。

（8）主轴运行，将刀移至工件端面（刀尖停放点命名为 A 点）；进入 MDI 界面，录入以下程序代码："G50"、"输入"、"X 测量直径值"、"输入"、"Z0"、"输入"，按"循环启动"。

（9）按"位置"按钮，通过"上下翻页"按键，进入 UW 显示界面（正常显示是 U 测量直径值，W0），然后输入以下代码："U""取消"。

（10）将刀架移开，然后进入 MDI 界面，录入以下程序代码："T0202"、"输入"，按"手轮"按钮，将 02 号刀移至工件端面（即刀尖停放在 A 点）。

（11）按"刀补"按钮，通过移动光标，选择"02"，然后依次输入以下代码："X"、"输入"、"Z"、"输入"、"U"、"输入"、"W"、"输入"，完成 T0202 对刀。

（12）重复（10）～（11）步骤完成 T0303 和 T0404 对刀。

6. 程序键入

（1）按"程序"键，方式选择为"编辑"方式。

（2）用键输入字母"O"和程序名，如"O1"。

（3）按"删除"，删掉目录里旧的 O1 程序。

（4）用键输入"O1"。

（5）按"EOB"键，建立空的 O1 文本，在文本上键入程序。

7. 自动运行

（1）打开要运行的程序，将光标移至要运行的程序段，一般是输入程序首段程序。

（2）把方式选择于"自动"方式的位置。

（3）装夹好材料，将卡盘扳手放置在"安全开关"处，并按"复位"键取消报警。

（4）关门。

（5）按"循环启动"按钮后，开始执行程序。

14.4.2 数控车床基本操作

（1）操作机床时，必须单人操作，其他同学可在旁边观察、提醒。

（2）手动操作时，一边操作，一边要注意刀架移动情况，以免撞坏了刀具、卡盘等。同时，注意刀架不要走出行程范围。当刀架走出行程范围时，会出现红色报警信息。

（4）有时程序出错或机床性能不稳定，会出现故障，并出现报警信息，仔细阅读报警信息后可按"复位"键确认。

（5）工作结束前 15 min 要清洁车床，关闭电源。

思考与练习

14.1 什么叫数控车床？数控车床适用于哪些类型零件的加工？

14.2 请写出 G32、G70 和 G71 完整格式并解释各字符的含义？

14.3 请设计出有创新性或实用性的图形或零件，并用数控车床加工出来。

14.4 请使用直径为 26 mm 的塑料棒，采用循环粗车和循环精车加工方法，编制如图 14.4 所示零件的加工工艺和数控程序。

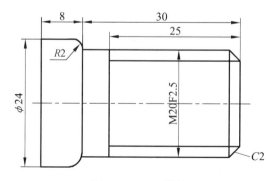

图 14.4 M20 螺栓

第15章　数控铣削加工

15.1　数控铣床概述

数控铣床是在一般铣床的基础上发展起来的自动加工机床，由程序控制，也称 NC（Numerical Control）铣床、电脑锣。由于数控铣床具有高精确度、高复杂度、高效率及高自动化程度等特点，应用非常广，常用可分为数控立式铣床（见图 15.1）、数控卧式铣床（见图 15.2）和数控龙门铣床（见图 15.3）等。

图 15.1　数控立式铣床

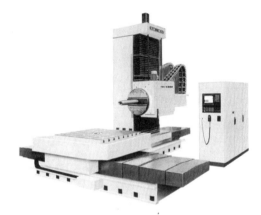

图 15.2　数控卧式铣床

如图 15.4 所示，数控铣床主要由底座、床身、工作台、立柱、主轴、操作面板、电气控制系统等组成。操作面板是机床的数控系统，当前使用的主流系统有 FANUC（法那科）、SIEMENS（西门子）、MITSUBISHI（三菱）等进口系统及 KND（北京凯恩地）、HNC（华中）、GSK（广州）等国产数控系统，这些数控系统的编程及操作方法基本相同。

图 15.3　数控龙门铣床

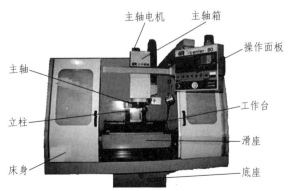

图 15.4　数控铣床的基本组成

数控铣床能够完成基本的铣削、镗削、钻削、攻螺纹及自动工作循环等工作，可加工各种形状复杂的零件，如精密零件（见图 15.5）、模具（见图 15.6）、手机样品（也叫手板，见图 15.7）等。

图 15.5　精密零件

图 15.6　模具

图 15.7　手机样品

15.2　数控铣床基本编程方法

数控铣床编程就是按照数控系统的格式要求，根据事先设计的刀具运动路线，将刀具中心运动轨迹上或零件轮廓上各点的坐标编写成数控加工程序。数控加工所编制的程序，要符合具体的数控系统的格式要求。目前使用的数控系统有很多种，但基本上都符合 ISO 或 EIA 标准，只是在具体格式上稍有区别。

15.2.1　数控系统的代码功能

1. 准备功能（G 代码功能）

准备功能代码是由地址字 G 和后面的两位数字表示，它规定了该程序段指令的功能，具体 G 代码见表 15.1。

表 15.1　准备功能 G 代码

G 代码	组　号	含　义	G 代码	组　号	含　义
G00 ★		点定位（快速移动）	G60	00	单一方向定位
G01 ★	01	直线插补	G61	15	准停
G02		顺时针圆弧插补	G64 ★		切削模式
G03		逆时针圆弧插补	G73		钻孔循环
G04	00	暂停	G74		反攻螺纹循环
G09		准确停止	G76		精镗
G17 ★	02	XY 平面指定	G80 ★	09	取消固定循环
G18		ZX 平面指定	G81		钻削循环，锪孔
G19		YZ 平面指定	G82		钻孔循环，镗阶梯孔
G20	06	英制输入	G83		深孔钻循环

续表 15.1

G 代码	组 号	含 义	G 代码	组 号	含 义
G21	06	公制输入	G84		攻丝循环
G27	00	返回参考点检验	G85		镗孔循环
G28		返回参考点	G86	09	镗孔循环
G29		从参考点返回	G87		反镗孔循环
G40 ★		取消刀具半径补偿	G88		镗孔循环
G41	07	刀具半径左侧补偿	G89		镗孔循环
G42		刀具半径右侧补偿	G90 ★	03	绝对值输入
G43		刀具长度正补偿	G91		增量值输入
G44	08	刀具长度负补偿	G92	00	设定工件坐标系
G49 ★		取消刀具长度补偿	G94 ★	05	进给速度
G54 ★	14	加工坐标系 1	G98 ★		返回起始平面
G55-G59		加工坐标系 2	G99	10	返回 R 平面

说明：（1）带★号的 G 代码表示电源通电时，即为该 G 代码的指令状态。

（2）G 代码分为模态代码与非模态代码两种，非模态代码只限定在被指定的程序段中有效。00 组的 G 代码为非模态 G 代码。其余组的 G 代码为模态 G 代码。

（3）不同组的 G 代码在同一个程序段中可以指令多个，但如果在同一个程序段中指令了两个或两个以上同一组的 G 代码时，则只有最后一个 G 代码有效。

常用 G 代码：

（1）G00——快速直线移动指令，格式为 G00 $X\_\_Y\_\_Z\_\_$；如果要快速移动到点 A（10，20，30），则写成 G00 X10 Y20 Z30；进给速度为系统默认，由系统参数调整。

（2）G01——直线插补指令，格式为 G01 $X\_\_Y\_\_Z\_\_F\_\_$；F 是进给速度，单位是 mm/min。（在数控机床中，刀具不能严格地按照要求加工的曲线运动，只能用折线轨迹逼近所要加工曲线的方法称为插补，为方便理解，也可称为移动）

（3）G02——顺时针圆弧插补指令，格式为 G02 $X\_\_Y\_\_I\_\_J\_\_F\_\_$，或者 G02 $X\_\_Y\_\_R F\_\_$；X、Y 是圆弧终点位置，指刀具切削圆弧的最后一点位置；在 G90 状态下，是指 X、Y、Z 中的两个坐标在工件坐标系中的终点位置；在 G91 状态下，是指 X、Y、Z 中的两个坐标从起点到终点的增量距离。

圆弧中心 I、J、K、R 的含义分别为：

I——从起点到圆心的矢量在 X 方向的分量；

J——从起点到圆心的矢量在 Y 方向的分量；

K——从起点到圆心的矢量在 Z 方向的分量；

R——圆弧半径。圆心角≤180°，R 为正值；圆心角>180°，R 为负值；当圆为整圆时，不能用 R，只能用 I，J，K。

以 G90、G91 格式如图 15.8、图 15.9 所示。

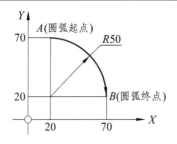

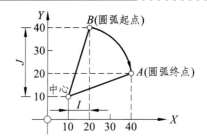

图 15.8　G90 格式
G02 *X*70 *Y*20 *R*50

图 15.9　G91 格式
G02 *X*20 *Y*20 *I*-10 *J*-30

（4）G03——逆时针圆弧插补指令,格式为 G03 *X__Y__I__J__F__* 或者 G03 *X__Y__R__F__*；其余说明与 G02 相同。

（5）G04——进给暂停指令,格式为 G04 *X__* 或 G04 *P__*；

G04 指令可使进给暂停,刀具在某一点停留一段时间。输入 *X__* 或 *P__* 均为指定进给暂停时间。两者区别是：*X* 后面可带小数点,单位是 s；*P* 后面数字不能带小数点,单位是 ms。如,G04 *X*3.5,或者 G04 *P*3 500,都表示刀具暂停了 3.5 s。

（6）刀具半径补偿指令（G41、G42、G40）。

G41 为左刀补指令,表示沿着刀具进给方向看,刀具中心在零件轮廓的左侧；

G42 为右刀补指令,表示沿着刀具进给方向看,刀具中心在零件轮廓的右侧；

具体如图 15.10 所示。

格式：G41（G42）G01 *X__Y__D__*；

式中,*D* 为刀具号,存有预先由 MDI 方式输入的刀具半径补偿值。

G40 为取消刀具半径补偿指令；格式：G40 G01 *X__Y__*；

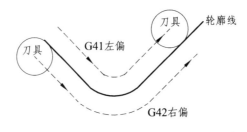

图 15.10　G41 与 G42 的关系

（7）刀具长度补偿指令（G43、G44、G49）。

G43 为正补偿,表示刀具在 *Z* 方向实际坐标值比程序给定值增加一个偏移量；

G42 为负补偿,表示刀具在 *Z* 方向实际坐标值比程序给定值减少一个偏移量；

格式：G43（G44）G01 *Z__H__*；

式中,*H* 为刀具号,存有预先由 MDI 方式输入的刀具长度补偿值。

G49 为取消刀具长度补偿指令；格式：G49 G01 *Z__*；

（8）G54——零点偏置设定坐标系。

（9）G90——绝对尺寸编程,G91——相对尺寸编程。

G90 绝对值编程例子,如图 15.11 所示。

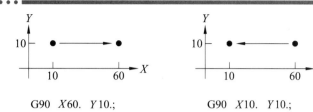

图 15.11 G90 绝对值编程

G90 增量值编程例子，如图 15.12 所示。

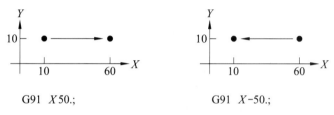

图 15.12 G91 增量值编程

2. 辅助功能代码（M 代码）

辅助功能代码是用地址字 M 加两位数字表示。主要用于规定机床加工时的工艺性指令，如主轴的启停、切削液的开关等。常用 M 代码如下：

M02：程序结束；

M03：主轴顺时针方向旋转；

M04：主轴逆时针方向旋转；

M05：主轴停止；

M06：换刀（加工中心有此功能）；

M08：切削液开；

M09：切削液关；

M30：程序结束和返回，光标处于程序开头；

M98：调用子程序；

M99：子程序结束并返回到主程序；

注意：在一个程序段中只能指令一个 M 代码，如果指令了多个 M 代码，则最后一个 M 代码有效，其他 M 代码均无效。

3. F、S、T、H 代码

F——进给功能代码，表示进给速度，用字母 F 和后面的若干位数字表示，单位为 mm/min，如 F200 表示进给速度为 200 mm/min。

S——主轴转速代码，表示主轴旋转速度，用字母 S 和后面的若干位数字表示，单位为 r/min，如 S500 表示主轴转速为 500 r/min。

T——刀具功能代码，表示换刀功能，在多道工序加工时，必须选择合适的刀具。每把刀具都必须分配一个刀号，刀号在程序中指定。刀具功能用字母 T 及后面的两位数字来表示，如 T02 表示第 2 号刀具。

H——刀具补偿功能代码 H，表示刀具补偿号，由字母 H 和后面的两位数字表示，该两位数表示存放刀具补偿量的寄存器地址字，如 H10 表示刀具补偿量用第 10 号。

15.2.2 数控代码的编程

1. 程序段格式

程序段格式是指一个程序段中的字、字符和数据的书写规则。目前，常用的是字地址可编程序段格式，它由语句号字、数据字和程序段结束符号组成。每个字的字首是一个英文字母，称为字地址码，字地址码可编程序段格式见表 15.2。

表 15.2　程序段的常见格式

N001	G	X	Y	Z	A	B	C	F

字地址码可编程序段格式的特点是：程序段中各自的先后排列顺序并不严格，不需要的字以及与上一程序段相同的继续使用的字可以省略；每一个程序段中可以有多个 G 指令或 G 代码；数据的字可多可少，程序简短，直观，不易出错，因而得到广泛使用。

2. 字与地址

构成程序段的要素是字，字由地址和其后面的几位数字构成（数字前可有 +、− 号）。地址为英文字母（A~Z）中的一个，它规定了其字母后面数字的意义，可以使用的地址与其意义见表 15.3。

表 15.3　地址与功能

地　址	功能与意义	地　址	功能与意义
O	程序号	S	主轴功能
N	顺序号	T	刀具功能
G	准备功能	M	辅助功能
X、Y、Z	圆弧中心的相对坐标	P、X	暂停时间的指定
R	坐标轴的移动指令	P	子程序号与子程序的重复次数的指定
I、J、K	圆弧半径	P、Q、R、K	固定循环的参数
F	进给功能	H	刀具补偿号的指定

3. 手工编程实例

【例题】　如图 15.13 所示，加工保留图形内部，刀具起始点为坐标原点，其终点也是原点，走刀方向为顺时针，进给速度为 $F100$，轮廓深度为 5 mm。代码见表 15.4。

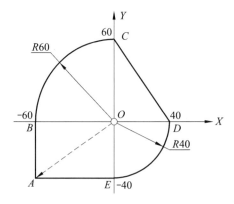

图 15.13　加工示意图

表 15.4　代码表

代　码	说　明
O0001；	程序名
G17 G40 G54 G80 G90；	初始参数定义
S1000M03；	主轴正转，转速为 1 000
G0 X0 Y0 Z10；	快速移动到 O 点上方 10 mm 处
G41 D01；	左偏置方式
GO X−60 Y−40；	快速移动到 A 点
G01 Z−5 F100；	以 F=100 速度下切到 −5 mm
Y0；	移动到 B 点
G02 X0 Y60 R60 ；	圆弧加工 BC
G01 X40 Y0；	直线加工 CD
G02 X0 Y−40 R40；	圆弧加工 DE
G01 X−60 Y−-40；	加工 EA
G0 Z100；	提刀
G40 D00；	取消刀补
G0 X0 Y0 ；	回 O 点
M05；	主轴停止
M30；	结束

4. 自动编程

在数控铣削加工中，由于加工零件复杂，采用自动编程可快速准确地编制出数控加工程序。自动编程就是用计算机代替手工编程，目前常用自动编程软件有美国 CNC 公司开发的Mastercam、美国 Unigraphics Solution 公司开发的 UG、法国达索（Dassault）公司推出的 Catia、美国 PTC（参数技术有限公司）开发的 Pro/E、英国 Delcam 公司开发的 Powermill 等。各软件的主要编程功能相差不太，这里将结合例子介绍使用 Powermill2010 进行自动编程。

PowerMILL2010 是英国 Delcam 公司开发的专业化高速铣削加工软件，是世界上功能强大、加工策略丰富的数控加工编程软件，同时也是 CAM 软件技术最具代表性的、增长率最快的加工软件。具有加工实体仿真功能，方便用户在加工前了解整个加工过程及加工结果，节省加工时间。

加工零件为 PP 零件盒，图纸如图 15.14 所示，零件尺寸为 160 mm × 120 mm × 24 mm，材料为 PP(Polypropylene，聚丙烯，简称 PP，俗称百折胶)，产量很少。该零件为方形零件，有直壁型腔，有孔，产量较少，适合在数控铣床上加工。

首先，进行工艺分析：该零件较为简单，没有太高的精度要求，主要加工内容是外形加工、型腔加工、沉孔加工、倒角加工，按刀具使用顺序进行工艺方案的安排。

（1）端铣刀（选用直径为 10 mm 的端铣刀）：外形、型腔粗与精加工。

（2）钻头（选用直径为 11 mm 和 6.6 mm 的钻头）：沉孔加工。

（3）倒角刀（选用直径为 10 mm 的倒角刀）：倒角加工。

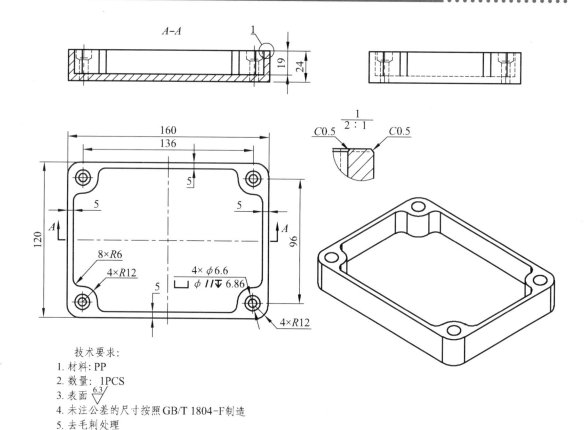

技术要求:
1. 材料: PP
2. 数量: 1PCS
3. 表面 $\sqrt{\frac{6.3}{}}$
4. 未注公差的尺寸按照 GB/T 1804-F制造
5. 去毛刺处理

图 15.14   PP 零件盒图纸

工艺分析后，主要编程在 PowerMILL2010 上进行操作，具体如下：

（1）输入模型：由于 PowerMILL 没有 CAD 功能，但其中的插件 PS-Exchange 为 PowerMILL 稳定可靠转换数据，能够读入 UG、Pro/ENGINEER、SolidWorks、AuotCAD 等多种种格式的数据。如图 15.15 所示，依次点击"文件"—"输入模型"，输入已经准备好的模型，如图 15.16 所示。

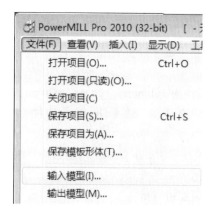

图 15.15 输入模型

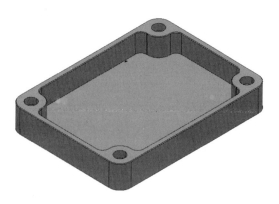

图 15.16   PP 零件盒模型

（2）建立编程坐标系：用鼠标选择模型（单击鼠标左键，拖动进行选择），必须选择整个模型，选择窗要把整个模型覆盖。再依次用右键点击左边的工具条"用户坐标"—"产生并定向用户坐标"–"用户坐标系在选项顶部"，如图 15.17 所示。此时，新坐标系建立，右键点击"激活"，如图 15.18 所示。

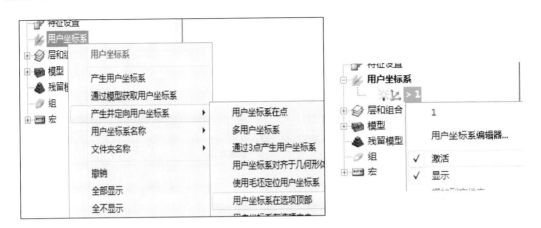

图 15.17　产生坐标系　　　　　　　　　　图 15.18　坐标系激活

已激活的坐标系如图 15.19、15.20 所示，坐标系位于零件顶面中心，Z 轴向上，横向 X 轴，纵向 Y 轴，如果要更改坐标轴方向，可以右键点击"用户坐标系"进行修改。

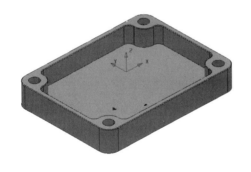

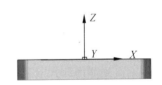

图 15.19　编程坐标系　　　　　　　　　　图 15.20　编程坐标系

（3）设置刀具：先设置端铣刀，点击左侧刀具 刀具 按钮，选择"产生刀具"—"端铣刀"，弹出如图 15.21 所示的对话框，名称为 D10T1，直径为 10，长度为 30，刀具编号为 1，槽数为 4，再点击"刀柄" 按钮，产生刀柄参数，如图 15.22 所示，将顶部直径设为 10，底部直径设为 10，长度设为 30。点击"关闭"按钮，完成端铣刀的设置。

再选择小钻头，点击左侧刀具 刀具 按钮，选择"产生刀具"—"钻头"，弹出如图 15.23 所示的对话框，名称为 Z6.6T2，直径为 6.6，长度为 40，刀具编号为 2，槽数为 2，再点击"刀柄" 按钮，产生刀柄参数，如图 15.24 所示，将顶部直径设为 6.6，底部直径设为 6.6，长度设为 40。点击"关闭"按钮，完成钻头的设置。

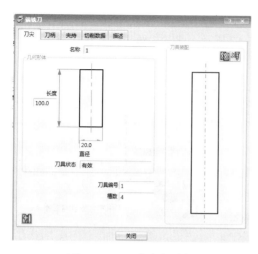

图 15.21　刀尖参数选择

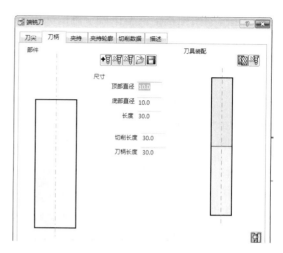

图 15.22　刀柄参数选择

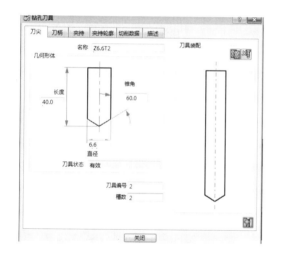

图 15.23　刀尖参数选择

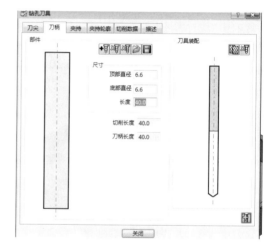

图 15.24　刀柄参数选择

　　产生大钻头：方法与小钻头一样，名称为 Z11T3，直径为 11，长度为 55，刀具编号为 3，槽数为 2，再点击"刀柄" 按钮，产生刀柄参数，将顶部直径设为 11，底部直径设为 11，长度设为 55，点击"关闭"按钮，完成大钻头的设置。

　　最后选择倒角刀，由于软件没有产生倒角刀的功能，可以从自定义产生，点击"产生刀具"—"自定义"，弹出如图 15.25 所示的刀尖设置窗口，名称为 DJ10T4，点击 按钮，开始坐标为（0，0），结束点坐标为（5.0，5.0），点击"更新跨"按钮，刀具编号为 4，槽数为 2，再点击 刀柄 按钮，弹出如图 15.26 所示的参数，点击 按钮，产生刀柄参数，将顶部直径设为 10，底部直径设为 10，长度设为 20，点击"关闭"按钮，完成倒角刀的设置。

　　此时可以从左侧工具栏看到，刀具有 4 个，如图 15.27 所示，需要用哪一把刀，用右键激活即可使用。

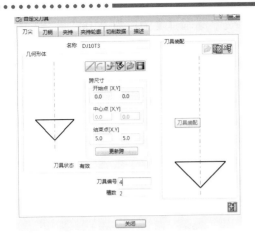

图 15.25　刀尖参数设置

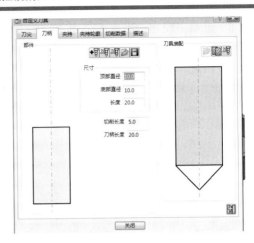

图 15.26　刀柄参数设置

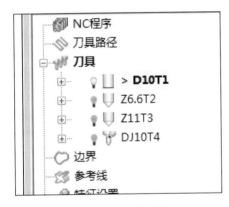

图 15.27　刀具显示

图 15.28　毛坯设置参数

（4）毛坯设置（毛坯即尚未加工的原材料）：在主工具栏里单击毛坯 按钮，弹出如图 15.28 所示对话框，设置 Z 最小为 – 25，最大为 0.5，并点击 按钮进行锁定，再在扩展里输入 2.5，并点击 计算 按钮进行计算，其余参数设置如图 15.28 所示，自动变化，点击"接受"按钮完成设置。此时产生的毛坯如图 15.29、15.30 所示。

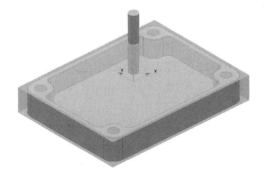

图 15.29　毛坯与零件

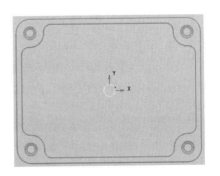

图 15.30　毛坯与零件

（5）进给率设定：点击 按钮，进行进给率设定，表面速度为设为"100"，进给/齿设为"0.15"，如图 15.31 所示，点击"接受"按钮完成。

（6）快进高度设定：点击主工具条里的 按钮，在弹出如图 15.32 所示的对话框，点击 **按安全高度重设** 按钮，所有参数会自动设定，再点击"按受"完成设定。

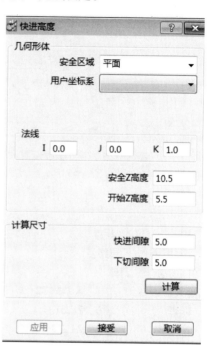

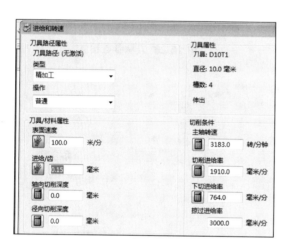

图 15.31　进给设定

图 15.32　快进高度设置

（7）切入切出设置：点击主工具条里的 按钮，弹出如图 15.33 所示的对话框，下切距离改为"1"，再点"切入"按钮，弹出"切入"对话框，在"第一选择"右侧选择"斜向"，点出"斜向设置"，弹出图如图 15.34 所示的对话框，在"第一选择"，把最大左斜角改为 5，再把斜向高度改为 0.5，点击"接受"完成设置。

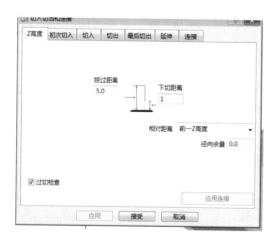

图 15.33　切入切出设置

图 15.34　斜向设置

软件操作到这里，基本设置已完成，下面进行刀路的产生。

（8）模型区域清除（粗加工）：点击主工具条里的"加工策略" 按钮，依次点击"三维区域清除"—"模型区域清除"，点击"接受"按钮，弹出如图 15.35 所示的对话框，参数设置如下：右上角选择"偏置模型"，公差设为"0.1"，余量设为"0.15"，行距设为"3"，下切步距设为"10"，其余参数为软件默认，设置完毕，点击"应用"按钮，此时软件进行刀路生成计算，等刀路生成完毕，点击"取消"按钮，完成本操作，粗加工刀具路径（简称刀路）如图 15.36 所示。点击 按钮进行碰撞检查。

图 15.35　设置偏置加工参数

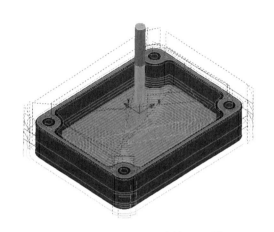

图 15.36　粗加工刀路

（9）平行平坦面精加工：由于前面加工已完成粗加工，接下来需进行精加工，精加工分两部进行加工——平坦面精加工和侧面精加工。点击主工具条里的"加工策略" 按钮，依次点击"精加工"—"平行平坦面精加工"，点击"接受"按钮产生如图 15.37 所示的窗口，相关参数设置如下：刀具为"D10T1"，公差为"0.01"，切削方向为"任意"，余量为"0.3"和"0"，行距为"5"。点击"计算"—"取消"，完成本操作，半精加工刀路如图 15.38 所示。点击 按钮进行碰撞检查。

图 15.37　平坦面加工

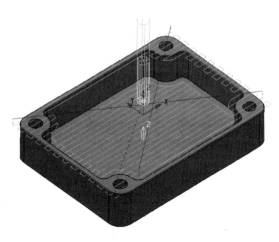

图 15.38　平坦面加工刀路

（10）模型轮廓精加工：点击主工具条里的"加工策略" 按钮，依次点击"三维区域清除"—"模型轮廓"，点击"接受"按钮，弹出如图 15.39 所示的对话框，参数设置如下：刀具为"D10T1"，公差为"0.01"，切削方向为"逆铣"，余量为"0"，行距为"10"。点击"计算"—"取消"，完成本操作，加工刀路如图 15.40 所示。点击 按钮进行碰撞检查。

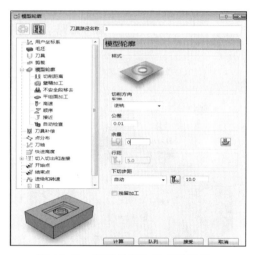

图 15.39　模型轮廓加工参数设置

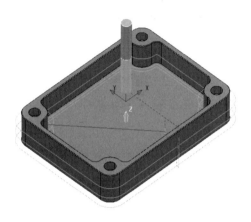

图 15.40　精加工刀路

（11）直径 6.6 钻孔加工：零件总计有 4 个沉头孔要加工，先要识别这些孔。先用窗选整个模型，再点击左侧"特征设置"—"识别模型中的孔"，弹出如图 15.41 所示的窗口，参数选择"混合孔"，点击"应用"—"关闭"，孔产生完成。接下来进行钻孔编程，点击左侧"刀具"，激活"Z6.6T2"。点击主工具条里的"加工策略" 按钮，依次点击"钻孔"—"钻孔"，点击"接受"按钮，弹出如图 15.42 所示的对话框，参数设置如下：循环类型为"间断切削"，操作为"用户定义"，间隙为"3"，钻孔深度为"2"，深度为"30"，公差为"0.1"，余量为"0"。进给与转速如图 15.43 所示的参数，点击"计算"—"取消"，完成本操作，加工刀路如图 15.44 所示。点击 按钮进行碰撞检查。

图 15.41　孔特征产生设置

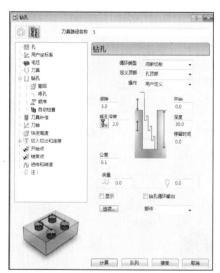

图 15.42　孔加工参数

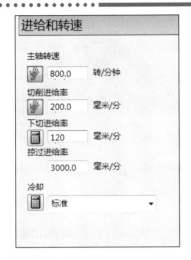

图 15.43　孔加工进给与转速设置

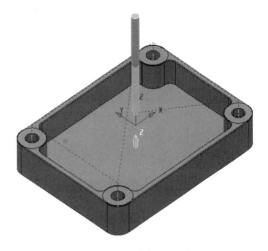

图 15.44　孔加工刀路

（12）直径 11 钻孔加工：点击左侧"刀具"，激活"Z11T3"。点击主工具条里的"加工策略" 按钮，依次点击"钻孔"—"钻孔"，点击"接受"按钮，弹出如图 15.45 所示的对话框，参数设置如下：循环类型设为"间断切削"，操作设为"用户定义"，间隙设为"3"，钻孔深度设为"2"，深度设为"13"，公差设为"0.1"，余量设为"0"。进给与转速的参数如图 15.45 所示，点击"计算"—"取消"，完成本操作，加工刀路如图 15.46 所示。点击 按钮进行碰撞检查。

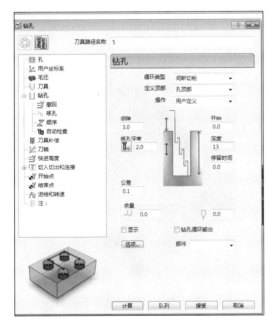

图 15.45 孔加工进给与转速设置

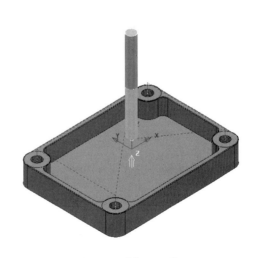

图 15.46 孔加工刀路

（13）参考线精加工（倒角加工）：点击左侧"刀具"，激活"DJ10T3"。用鼠标选择模型顶面，如图 15.47 所示。点击左侧工具"参考线"—"产生参考线"，再打开"参考线"左的 号，右击 按钮—"插入"—"模型"，右击 按钮—"编辑"—"二维偏置（圆角）"，在弹出的窗口输入"2.5"，按确定，产生的参考线如图 15.48 所示。

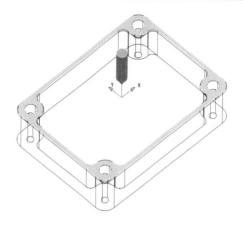

图 15.47　顶面选择

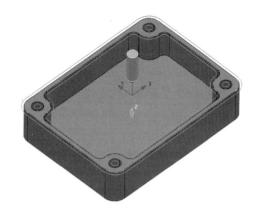

图 15.48　参考线

点击主工具条里的"加工策略" 按钮，依次点击"精加工"—"参考线精加工"，点击"接受"按钮，弹出如图 15.49 所示的对话框，参数设置如下：循环类型设为"间断切削"，操作设为"用户定义"，公差设为"0.1"，余量设为"0"，进给速度设为"1200"，转速设为"3180"，点击"计算"—"取消"，完成本操作，加工刀路如图 15.50 所示。点击 图标进行碰撞检查。

图 15.49　参考线精加工参数

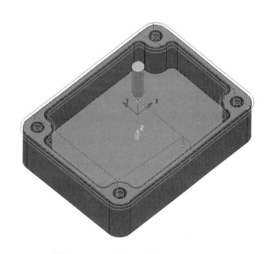

图 15.50　参考线精加工刀路

（14）仿真加工：点击左上方仿真 按钮，点击 按钮对图像进行光泽阴影处理，点击 按钮可以选择要仿真哪一个刀具路径，点击 ▷ 按钮进行仿真，点击 ‖ 按钮暂停。经过仿真，刀具路径的效果分别如图 15.51 所示。

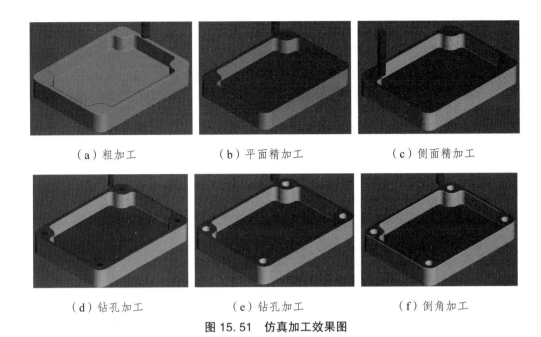

（a）粗加工　　　　　　（b）平面精加工　　　　　　（c）侧面精加工

（d）钻孔加工　　　　　　（e）钻孔加工　　　　　　（f）倒角加工

图 15.51　仿真加工效果图

（15）生成 NC 程序：点击左侧工具条"NC 程序"按钮，右键下拉菜单里选择"产生 NC 程序"，在弹出的对话框里，更改程序名称，点击"接受"按钮完成。再按键盘 Ctrl 键，选择 6 个刀具路径，如图 15.52 所示，把 3 个刀路增加到 NC 程序中，最后点右击 NC 程序下的"123456"—"写入"，此时会自动生成 NC 代码，如图 15.53 所示。

图 15.52　产生 NC 程序

图 15.53　写入 NC 程序

15.3　数控铣床的操作（以 GSK990M 为例）

15.3.1　控制面板

数控铣床配置的数控系统不同，其操作面板的形式也不相同，但其各种开关、按键的功能及操作方法大同小异，见表 15.5。图 15.54 所示为 GSK9990M 型数控系统控制面板。

表 15.5　控制面板各功能键

名　称	按　键	功能说明
复位键	//	复位数控系统
光标移动键	↑ ↓	一步步移动光标 ↑：向前移动光标；↓：向后移动光标
页面变换键	📑 📄	用于屏幕选择不同页面 ↑：向前变换页面；↓：向后变换页面
插入键	插入 INS	编程时用于替换输入的字（地址、数字）
删除键	删除 DEL	编程时用于删除已输入的字或删除程序
取消键	取消 CAN	取消上一个输入的字符
位置显示键	位置 POS	在屏幕上显示机床现在的位置
程序键	程序 PRG	在编辑方式，编辑和显示在内存中的程序，在 MDI 方式，输入和显示 MDI 数据
自诊断参数键	诊断 DGN	设定和显示参数表及自诊断表的内容
报警号显示键	报警 ALM	按此键显示报警号
输入键	输入 IN	除程序编辑方式外，当在面板上按一个字母或数字键后，必须按此键才能输入到 CNC 内
输出启动键	输出 OUT	按下此键，CNC 开始输出内存中的参数或程序到外部设备

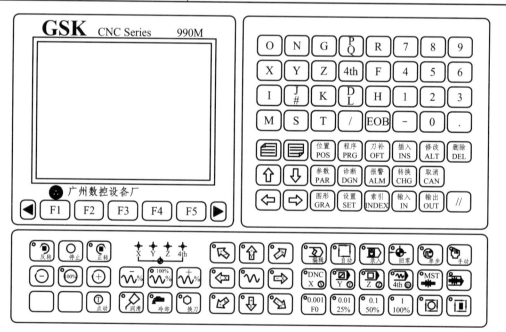

图 15.54　GSK990M 系统操作面板

15.3.2　机床操作

1. 开　机

由于各种型号数控机床的结构及数控系统有所差异，具体的开机过程参看机床操作说明书。通常按下列步骤进行：

（1）检查机床状态是否正常；

（2）检查机床右侧的自动加油机是否有足够的润滑油；

（3）拉起"急停"按钮；

（4）机床上电；

（5）数控上电；

（6）检查面板上的指示灯是否正常。

2. 机床回零

按  进入手机方式，按回零按钮  操作方式，再按  ，再先后按 +Z、+X、+Y 按钮，如图 15.55 所示的指示灯都亮了，才完成回零操作。

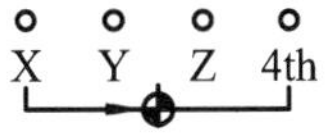

图 15.55　回零指示灯

3. 安装工件（毛坯）

把机床 X 轴移动到中间，把毛坯装上平口钳并进行调整，根据加工高度调整毛坯安装的位置，并进行锁紧。

4. 对　刀

首先让刀具在工件的左右碰刀，使刀具逐渐靠近工件，并在工件和刀具间放一张纸来回抽动，如果感觉到纸抽不动了，说明刀具与工件的距离已经很小，将手动速率调节到 0.01 或 0.1 上，使刀具向工件移动，用塞尺检查其间隙，直到塞尺通不过为止，记下此时的 X 坐标值。把得到的左右 X 坐标值相加并除以 2，此时的位置即为 X 轴 0 点的位置，并把该数值输入 G54X 中，Y 轴同样，数值输入 G54Y 中。利用工件的上平面同刀具接触来确定 Z 轴的位置。在实际生产中，常使用百分表及寻边器等工具进行对刀。

5. 加　工

选择自动方式，按下循环启动按钮，铣床进行自动加工。加工过程中要注意观察切屑情况，并随时调整进给速率，保证在最佳条件下切削。

6. 关　机

工件加工完毕后，卸下工件，清理机床，然后关机。

思考与练习

15.1　数控铣床与普通铣床有哪些主要区别？

15.2　数控代码 G0 与 G01 有什么差别？

15.3　数控铣床的主要加工对象有哪些？

15.4　数控铣削的刀具半径补偿一般在什么情况下使用？

第16章　特种加工

16.1　电火花加工

电火花加工是脉冲电源产生的一种自激放电，利用电能转化而成的热能进行加工的方法。在加工过程中，使工具电极和工件之间不断产生脉冲性的放电火花，靠放电时局部、瞬时产生的高温把金属蚀除下来。因加工过程中不断地有火花产生，故称电火花加工，亦称电加工或电蚀加工，是在 20 世纪 40 年代开始研究和逐步应用到生产中的。

常用的电火花加工设备有电火花成型机（简称电火花机）和电火花线切割机，如图 16.1，图 16.2 所示。

图 16.1　电火花成型机

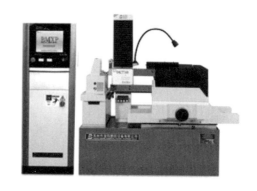

图 16.2　电火花线切割

16.2　电火花成型加工

电火花加工（Electrical Discharge Machining，EDM）是在加工过程中通过工具电极（铜公）和工件电极间脉冲放电时的电腐蚀作用进行加工的一种工艺方法。这一工艺已广泛用于加工各种高熔点、高强度、高韧性材料，如淬火钢、不锈钢、模具钢、硬质合金等，以及用于加工模具等具有复杂表面和有特殊要求的零件。

电火花成型加工机分为普通电火花成型机床和数控电火花成型加工机床；也可分为小型（D7125 以下）、中型（D7125～D7163）和大型（D7163 以上）；也可分为标准精度型和高精度型；也可分为电极液压进给、电极步进电动机进给、电极直流或交流伺服电动机进给驱动等类型。

随着模具工业的需要，已经出现计算机三坐标数字控制的电火花加工机床，以及带工具电极库能按程序自动更换电极的电火花加工中心。

16.2.1 电火花加工原理

电火花加工的原理是基于工具和工件（正、负电极）之间脉冲性火花放电时的电腐蚀现象来蚀除多余的金属，以达到对工件的尺寸、形状及表面质量预定的加工要求。

如图 16.3 所示，进行电火花加工时，工具电极和工件分别接脉冲电源的两极，并浸入工作液中，或将工作液入放电间隙。通过间隙自动控制系统控制工具电极向工件进给，当两电极间的间隙达到一定距离时，两电极上施加的脉冲电压将工作液击穿，产生火花放电。

在放电的微细通道中瞬时集中大量的热能，温度可高达 10 000 ℃ 以上，压力也有急剧变化，从而使这一点工作表面局部微量的金属材料立刻熔化、气化，并爆炸式地飞溅到工作液中，迅速冷凝，形成固体的金属微粒，被工作液带走。这时在工件表面上便留下一个微小的凹坑痕迹，放电短暂停歇，两电极间工作液恢复绝缘状态。

紧接着，下一个脉冲电压又在两电极相对接近的另一点处击穿，产生火花放电，重复上述过程。这样，虽然每个脉冲放电蚀除的金属量极少，但因每秒有成千上万次脉冲放电作用，就能蚀除较多的金属，具有一定的生产率。

在保持工具电极与工件之间恒定放电间隙的条件下，一边蚀除工件金属，一边使工具电极不断地向工件进给，最后便加工出与工具电极形状相对应的形状来。因此，只要改变工具电极的形状和工具电极与工件之间的相对运动方式，就能加工出各种复杂的型面。

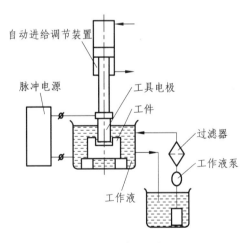

图 16.3 电火花成型加工原理

16.2.2 电火花成型加工机床的组成

电火花成型加工机床主要由控制柜、主机及工作液净化循环系统三大部分组成。其中控制柜包含了脉冲电源及控制系统，主机又包括床身、立柱、XY 工作台及主轴头等几部分，如图 16.4 所示。

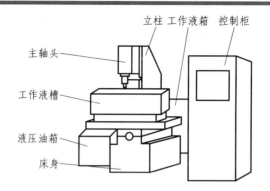

主轴头
立柱 工作液箱 控制柜
工作液槽
液压油箱
床身

图 16.4　电火花成型加工机床

1．控制柜

控制柜是完成控制、加工操作的部分，是机床的中枢神经系统。

脉冲电源系统包括脉冲波形产生和控制电路、检测电路、自适应控制电路、功率板等。该部是控制柜的核心部分，产生脉冲波形，形成加工电流，监测加工状态并进行自适应调整。

伺服系统产生伺服状态信息，由计算机发出伺服指令，驱动伺服电机进行高速高精度定位操作。

手控盒集中了点动、停止、暂停、解除、油泵启停等加工操作过程中使用频率高的键，更加便于操作。

2．机床主机

机床主机主要包括：床身、立柱、工作台及主轴头几部分。主轴头是电火花成型机床中关键的部件，是自动调节系统中的执行机构，对加工工艺指标的影响极大。主轴头主要由进给系统、导向防扭机构、电极装夹及其调节环节组成。

3．工作液循环、过滤系统

工作液循环过滤系统包括工作液（煤油）箱、电动机、泵、过滤装置、工作液槽、油杯、管道、阀门、测量仪表等。

16.2.2　电火花加工的特点

电火花加工的特点主要包括：

（1）适用的材料范围广。

（2）适于加工特殊及复杂形状的零件。

（3）脉冲参数可以在一个较大的范围内调节，可以在同一台机床上连续进行粗、半精及精加工。

（4）直接利用电能进行加工，便于实现自动化。

16.2.3　电火花成型机床的操作要点

（1）准备阶段。在操作之前，首先有个准备阶段，包括看懂被加工件的图纸和各项工艺要求，根据电极、模板形状、尺寸规格，确定装夹装置和位置。

（2）在装夹前必须首先启动液压系统，使其处于动态，防止开机后影响装夹精度。

（3）根据加工型孔的厚度、尺寸公差和表面粗糙度的要求，确定脉冲规准，按粗、中、精关系，选择电压、电流、脉宽、间隔，确保稳定加工。

（4）一切准备好后，可给工作液槽充油（工作液）。油面高低可根据加工的面积及粗、中、精规准确定，一般高出工件表面 20～100 mm。并调好冲油或抽油的压力大小，如果冲油压力过大，将造成液压头受反作用力过大，且会增加电极损耗；抽油力过大容易引起油杯内空洞，引起放炮现象，抽力过小则排屑条件不好，加工不稳定。

（5）液压头的空载进给速度，一般是每分钟 100 mm，短路回升速度是进给速度的 1～2 倍。为保证稳定加工，电极进给的深度，加工冲模时应是刃口厚度的 1.5～2.5 倍。

（6）型腔模加工大多采用上冲油形式，冲油压力一般在 491 kPa。冲油压力过大，电极损耗大，过小则排屑条件不好。型腔加工的深度控制与冲模不一样，主要是按被加工型腔的尺寸要求来定。

16.2.3 电火花成型加工工艺参数的确定

1. 电极材料

理论上任何导电材料都可以用来制作电极，在生产中通常选择损耗小、加工过程稳定、生产率高、机械加工性能好、来源丰富、价格低廉的材料作为电极材料。常用的材料有紫铜、石墨、铜钨合金、银钨合金、黄铜、钢等。其主要区别在于：

紫铜来源广泛，具有良好的导电性，在较困难的条件下也能稳定加工，不容易产生电弧，加工损耗小；可获得较高的精度，采用精细加工能达到优于 $Ra1.25$ μm 的表面粗糙度。加工过程可保持尖锐的棱角、细致的形状。不足之处：机械加工性能不如石墨，磨削困难；机械强度低，不利于加工中的装夹、校正和维持较长时间的稳定加工；比重大，即增加了加工进给系统的负担，提高了对系统的要求，也不利于电极的安装、校正。

石墨与紫铜电极相比的优点是：电极损耗小，粗加工时为紫铜的 1/5～1/3；加工速度快，约为紫铜的 1.5～3 倍；机械加工性能好，切削阻抗为紫铜的 1/4；加工效率为紫铜的 2 倍；比重轻，为紫铜的 1/5，可用于大型电极；耐高温，热膨胀系数低，约为紫铜的 1/4。不足之处：有脆性（在工作液中浸泡可减少脆性），易损坏；容易产生电弧烧伤现象；精加工损耗大，表面粗糙度只能达到 $Ra2.5$ μm；不易做成薄片和尖棱。

铜钨和银钨合金电极因其有铜的高热导率、低损耗率、低热膨胀性和钨的高熔点，广泛应用于模具钢和碳化钨工件以及精密加工。铜钨和银钨合金的被切削性相当，加工稳定性好，电极损耗小，但价格贵，大约分别是铜的 40 倍、100 倍。

黄铜电极损耗大，加工速度也比紫铜慢，但放电时短路少，加工稳定。目前在火花机成型加工中一般不使用黄铜电极，但低速走丝线切割加工中仍使用。

钢作为电极材料，机械加工性好，但加工稳定性较差，在钢冲模等加工中，加工速度为紫铜的 1/3～1/2，电极损耗比为 15%～20%，不能实现低损耗。

2. 电极结构

电极结构分为整体式电极、组合式电极和镶拼式电极等三种。

整体式电极是用整块材料加工出来的，是一种最常用的结构形式。特别适合尺寸较小，不太复杂的型孔加工。如果型孔的加工面积较大，需要减轻电极本身的重量，可以在电极上加工一些"减轻孔"或者将其"挖空"。

组合式电极是为了简化定位工序，提高型孔之间的位置精度和加工速度而采取的加工方式。

镶拼式电极是可以将其分成几块，加工完后再镶拼在一起，形成一个整体的电极。有些电极由于结构的原因，做成整体较为困难，不易加工。

3. 电极极性的选择

工具电极极性的选择原则是：铜电极对钢，或钢电极对钢，选"＋"极性；铜电极对铜，或石墨电极对铜，或石墨电极对硬质合金，选"－"极性；铜电极对硬质合金，选"＋"或"－"极性都可以；石墨电极对钢，加工半径为 15 μm 以下的孔，选"－"极性；加工半径为 15 μm 以上的孔，选"＋"极性。

为了充分地利用极性效应，最大限度地降低工具电极的损耗，应合理选用工具电极的材料，根据电极对材料的物理性能、加工要求选用最佳的电参数，正确地选用极性，使工件的蚀除速度最高，工具损耗尽可能小。

4. 加工脉冲电流峰值 I_0 和脉冲宽度 t_i 的选择

I_0 和 t_i 主要影响加工表面粗糙度和加工速度。脉冲电流峰值和脉冲宽度增大，单个脉冲能量也愈大，表面粗糙度值愈大；反之，表面粗糙度值小，加工速度也会下降很多。

5. 脉冲间隔的选择

脉冲间隔 t_0 主要影响加工效率，但间隔太小会引起放电异常。应重点考虑排屑情况，以保证正常加工。具体参数的选择请参考有关的机床使用说明书。

6. 电极制造

电极的制造不仅与材料有关，还与复杂程度和尺寸大小有关。

成型磨削的电极是与凸模用粘接剂粘接在一起同时磨削的，也可以用锡焊将电极与凸模连接在一起。

石墨电极是电火花加工中最常用的电极材料之一。石墨电极的制造基本上都采用切削加工和成型磨削。石墨电极还可以用压力振动的方法进行加工。无论是整体电极还是拼合电极，都应使压制时的施压方向与电火花加工的进给方向垂直。

利用各种电极材料可以加工不同需要的电极，同时也可以采用的电极材料为红铜或紫铜。许多电极要求比较复杂的曲面，因此大多数的电极利用数控机床加工。电极加工应注意：电极的手柄应该和水平面垂直；电极底部四周应该铣出四条平行边以便对刀；如果电极加工对象需要光滑表面应多次放电加工，因此需做粗加工电极和精加工电极。图 16.5 所示即为典型的铜电极。

图 16.5　铜电极

16.2.4　电火花成型加工中的安全规程

电火花成型机床加工操作中应遵守如下的安全规程：

（1）每次开机后，须进行回原点操作，并观察机床各方向运动是否正常。

（2）开机后，开启油泵电源，检查工作液系统是否正常。

（3）在电极找正及工件加工过程中，禁止操作者同时触摸工件及电极，以防触电。

（4）加工时，加工区与工作液面距离应大于 50 mm。

（5）禁止操作者在机床工作过程中离开机床。

（6）禁止攀登到机床和系统部件上。

（7）禁止未经培训人员操作或维修本机床。

（8）按机床说明书要求定期添加润滑油。

（9）禁止使用不适用于放电加工的工作液或添加剂。

（10）绝对禁止在本机床存放的房间内吸烟及燃放明火，机床周围应存放足够的灭火设备。

（11）加工结束后，应切断控制柜电源和机床电源。

（12）工程实践场所禁止吸烟，实现教学场地"无烟区"。

16.2.5　电火花成型机的操作（以宝玛 EDM-2000 为例）

1. 控制面板

不同的品牌电火花成型机有不同的控制系统，其操作面板的形式也不相同，但其各种开关、功能及操作方法略有相同。图 16.6 所示为宝玛 EDM-2000 电火花成型机的控制面板。

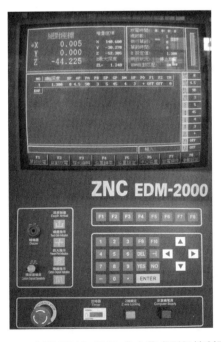

图 16.6　宝玛 EDM-2000 电火花成型机控制面板

2. 机床的操作

以下通过上述机床为例子，简要介绍电火花成型机的操作方法。加工样例采用如图 16.5 所示的小汽车铜电极，该电极尺寸为 15L × 6W × 5H，单位为 mm，安装好铜电极和工件后，需要加工的深度为 5 mm。

（1）开机。

首先检查机床状态是否正常，然后拉起控制面板上的急停按钮，顺时针旋转机床的主电源旋钮，等待机器进入操作系统。

（2）对刀。

通过控制机床 X 轴和 Y 轴的进给手柄，使铜电极位于工件的上方，再通过手持遥控面板（见图 16.7）上的"Z+"，使铜电极的下表面靠近工件的上表面。当铜电极将要贴近工件时，逆时针旋转调节 Z 轴的向下进给倍率，使铜电极缓慢跟工件上表面接触。当听到警报声后，碰边指示灯亮，这时按一下"Z－"，随即消除警报，对刀过程完毕。

（3）绝对坐标清零。

机器控制面板上的"F4 位置归零"按钮，显示光标移动到绝对坐标中的 X 轴，屏幕提示"X 轴是否归零 Y/N"，按"YES"，X 轴绝对坐标变成零。然后按控制面板上的"▽"，分别将光标移动到绝对坐标中的 Y 轴和 Z 轴，同样按"YES"，将 Y 轴和 Z 轴的绝对坐标归零。

（4）设定加工深度。

按"F3 程式编辑"，进入参数设定菜单，按"F1 插入"，添加 6 段放电参数，加工深度分别为 4.0、4.5、4.7、4.8、4.95、5.0，每输入完一个加工深度后按"ENTER"，然后通过"F3 条件减少"和"F4 条件增加"，分别设置这 6 段程序中的 AP（峰值电流）和 PA（脉宽），其他参数自动匹配。设定原则为前端粗加工，后段精加工，AP 和 PA 数值逐渐减少。图 16.8 所示为电火花成型机加工参数设定界面。

图 16.7　手提遥控面板

NO	Z轴深度	BP	AP	PA	PB	SP	GP	DN	UP	PO	F1	F2	TM
1	4.000	0	6	150	3	5	45	3	2	+	OFF	OFF	0
2	4.500	0	4.5	120	3	5	45	3	2	+	OFF	OFF	0
3	4.700	0	4.5	90	3	5	45	3	2	+	OFF	OFF	0
4	4.800	0	3	60	3	5	50	2	2	+	OFF	OFF	0
5	4.950	0	3	30	3	5	50	2	2	+	OFF	OFF	0
6	5.000	0	1.5	15	2	5	50	2	2	+	OFF	OFF	0
EOF													

图 16.8　电火花成型机加工参数设定界面

（5）加工。

参数设定好后，按"F8 跳出"，回到主界面，然后按"F2 自动放电"，再通过手提遥控面板，把"进油 ON"打开，由于该铜电极尺寸较小，不需要采用工作液浸泡的方法，可直接采用冲油的形式，因此，这时需要人工选择"油位"，让其工作灯亮，最后按"放电 ON"，机器开始放电加工零件。

（6）关机。

工件加工完毕后，机器控制面板上"深度到达"指示灯会亮，同时会有警报声，这时按一下手提遥控面板上的"Z－"，声音消除后，卸下工件，清理机床，然后逆时针旋转机床的主电源旋钮关机。

16.3　电火花线切割加工

16.3.1　电火花线切割加工的基本原理

电火花线切割加工（Wire Cut Electrical Discharge Machining，WEDM）简称"线切割"，是电火花加工的一个分支，它是利用移动的细金属丝（钼丝或铜丝）作为工具电极，在金属丝与工件间通以脉冲电流，利用脉冲放电的电腐蚀作用对工件进行切割加工。由于后来使用数控技术来控制工件和金属丝的切割运动，因此常称为数控线切割加工。

电火花线切割加工的基本原理如图 16.9 所示，是利用连续移动的丝电极（接负极）与工件（接正极）在工作液中的脉冲放电来蚀除金属。因放电高温不仅使工件该处金属熔化、气化，也使工件与电极丝间的工作液气化。气化的金属和工作液蒸气瞬间迅速热膨胀，并具有爆炸特性。靠这种热膨胀和局部微爆炸，抛出熔化和气化了的金属材料而实现对工件的电蚀切割加工。走丝方式有如下两种：

（1）高速走丝，速度为 9~10 m/s，采用钼丝作电极丝，可循环反复使用；

（2）低速走丝，速度小于 10 m/min，电极丝采用铜丝，只使用一次。

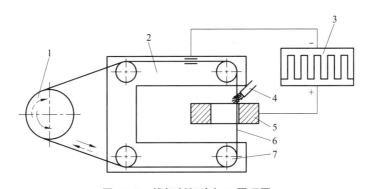

图 16.9　线切割机床加工原理图

1—储丝筒；2—丝架；3—脉冲电源；4—工作液；5—工件；6—钼丝；7—导轮

16.3.2　线切割机床的分类与组成

1. 线切割机床的分类

（1）按走丝速度分：可分为慢速走丝方式和高速走丝方式线切割机床。

（2）按加工特点分：可分为大、中、小型以及普通直壁切割型与锥度切割型线切割机床。

（3）按脉冲电源形式分：可分为 RC 电源、晶体管电源、分组脉冲电源及自适应控制电源线切割机床。

数控电火花线切割加工机床的型号标记方法如图 16.10 所示。

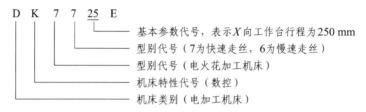

图 16.10　标记方法

2. 数控电火花线切割加工机床的基本组成

数控电火花线切割加工机床可分为机床主机和控制台两大部分，控制台中装有控制系统和自动编程系统，能在控制台中进行自动编程和对机床坐标工作台的运动进行数字控制。机床主机主要包括坐标工作台、运丝机构、丝架、冷却系统和床身等 5 个部分。图 16.11 所示为电火花线切割机床主机组成部件示意图。

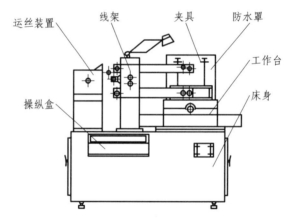

图 16.11　电火花线切割机床主机组成部件

（1）坐标工作台，用来装夹被加工的工件，其运动分别由两个步进电机控制。

（2）运丝机构，用来控制电极丝与工件之间产生相对运动。

（3）丝架，与运丝机构一起构成电极丝的运动系统。它的功能主要是对电极丝起支撑作用，并使电极丝工作部分与工作台平面保持一定的几何角度，以满足各种工件（如带锥工件）加工的需要。

（4）冷却系统，用来提供有一定绝缘性能的工作介质——工作液，同时可对工件和电极丝进行冷却。

16.3.3　线切割加工的特点及应用

1. 线切割加工的主要特点

线切割加工的主要特点是：

（1）不需要制造复杂的成型电极，大大降低了成型工具电极的设计和制造费用，可缩短生产周期。

（2）电极丝通常比较细，能够方便快捷地加工薄壁、窄槽、异形孔等结构较复杂的零件。由于切缝窄，金属的实际去除量很少，因此材料的利用率高，尤其在加工贵重金属时，可大大节省费用。

（3）一般采用精规准一次加工成型，在加工过程中大都不需要转换加工规准。

（4）由于采用移动的长电极丝进行加工，使单位长度电极丝的损耗较少，从而对加工精度的影响比较小。

（5）工作液多采用水基乳化液，很少使用煤油，不易引燃起火，容易实现安全无人操作运行。

（6）脉冲电源的加工电流较小，脉宽较窄，属于中、精加工范畴。

2．线切割机床加工的应用

线切割加工具有广泛的用途主要表现在以下几个方面：

（1）广泛应用于加工各种冲模。

（2）可以加工微细异形孔、窄缝和形状复杂的工件。

（3）加工样板和成型刀具。

（4）加工粉末冶金模、镶拼型腔模、拉丝模、波纹板成型模。

（5）加工硬质材料、切割薄片，切割贵重金属材料。

（6）加工凸轮，特殊的齿轮。

（7）适合于小批量、多品种零件的加工，减少模具制作费用，缩短生产周期。

16.3.4　线切割加工的主要工艺指标及影响因素

1．线切割加工的主要工艺指标

线切割加工的主要工艺参数包括切割速度、表面粗糙度、电极丝损耗量和加工精度等。

（1）切割速度。

单位时间内电极丝中心线在工件上切过的面积总和称为切割速度，单位为 mm^2/min，与加工电流大小有关。

（2）表面粗糙度。

高速走丝线切割 $Ra1.25 \sim 2.5$ mm，低速走丝线切割 $Ra1.25$ mm，最佳可达 $Ra0.2$ mm。

（3）电极丝损耗量。

电极丝切割 10 000 mm^2 面积后直径的减少量来表示，不大于 $\phi 0.01$ mm。

（4）加工精度。

工件尺寸精度、形状精度的总称。快速走丝线切割 0.01 ～ 0.02 mm，低速走丝线切割 0.002 ～ 0.005 mm。

2．影响数控线切割加工工艺指标的主要因素

影响数控线切割加工工艺指标的主要因素包括电参数和非电参数。电参数包括脉冲宽度、脉冲间隔、开路电压、放电峰值电流和放电波形等；非电参数包括电极丝的直径、电极丝松紧

程度、电极丝垂直度、电极丝走丝速度和工件厚度等。

切割速度与脉冲电源的电参数有直接的关系，它随单个脉冲能量的增加和脉冲频率的提高而提高，但有时也受到加工条件或其他因素的制约。因此，为了提高切割速度，除了合理选择脉冲电源的电参数外，还要注意其他因素的影响，如工作液种类、浓度、脏污程度等因素，线电极材料、直径、走丝速度和抖动的影响，工件材料和厚度的影响，切割加工进给速度、稳定性和机械传动精度的影响等。合理地选择搭配各因素指标，可使两极间维持最佳的放电条件，以提高切割速度。

表面粗糙度主要取决于单个脉冲放电能量的大小，但线电极的走丝速度和抖动状况等因素对表面粗糙度的影响也很大，而线电极的工作状况则与所选择的线电极材料、直径和张紧力大小有关。

加工精度主要受机械传动精度的影响，但线电极的直径、放电间隙大小、工作液喷流量大小和喷流角度等也影响加工精度。

因此，在线切割加工时，要综合考虑各因素对工艺指标的影响，善于取其利，去其弊，以充分发挥设备性能，达到最佳的切割加工效果。

16.3.5 线切割加工的工艺

线切割的加工工艺主要是电加工参数和机械参数的合理选择。电加工参数包括脉冲宽度和频率、放电间隙、峰值电流等。机械参数包括进给速度和走丝速度等。应综合考虑各参数对加工的影响，合理地选择工艺参数，在保证工件加工质量的前提下，提高生产率，降低生产成本。

1. 电加工参数的选择

正确选择脉冲电源加工参数，可以提高加工工艺指标和加工的稳定性。粗加工时，应选用较大的加工电流和大的脉冲能量，可获得较高的材料去除率（即加工生产率）。而精加工时，应选用较小的加工电流和小的单个脉冲能量，可获得加工工件较低的表面粗糙度。

加工电流就是指通过加工区的电流平均值，单个脉冲能量大小，主要由脉冲宽度、峰值电流、加工幅值电压决定。脉冲宽度是指脉冲放电时脉冲电流持续的时间，峰值电流指放电加工时脉冲电流峰值，加工幅值电压指放电加工时脉冲电压的峰值。

2. 机械参数的选择

对于普通的快走丝线切割机床，其走丝速度一般都是固定不变的。进给速度的调整主要是电极丝与工件之间的间隙调整。切割加工时进给速度和电蚀速度要协调好，不要欠跟踪或跟踪过紧。进给速度的调整主要靠调节变频进给量，在某一具体加工条件下，只存在一个相应的最佳进给量，此时钼丝的进给速度恰好等于工件实际可能的最大蚀除速度。欠跟踪时使加工经常处于开路状态，无形中降低了生产率，且电流不稳定，容易造成断丝，过紧跟踪时容易造成短路，也会降价材料去除率。一般调节变频进给，使加工电流为短路电流的 0.85 倍左右（电流表指针略有晃动即可）。就可保证为最佳工作状态，即此时变频进给速度最合理、加工最稳定、切割速度最高。

16.3.6 线切割加工前的准备工作

线切割加工前的准备工作包括工艺准备以及工件的装夹和位置校正。

1．工艺准备

工艺准备主要包括电极丝准备、工件准备和工作液配制。

（1）电极丝准备。

① 电极丝应具有良好的导电性和抗电蚀性，抗拉强度高、材质均匀。常用电极丝有钼丝、钨丝、黄铜丝和包芯丝等。钨丝抗拉强度高，直径在 0.03 ~ 0.1 mm，一般用于各种窄缝的精加工，但价格昂贵。黄铜丝适合于慢速加工，加工表面粗糙度和平直度较好，蚀屑附着少，但抗拉强度差，损耗大，直径在 0.1 ~ 0.3 mm，一般用于慢速单向走丝加工。钼丝抗拉强度高，适于快速走丝加工，所以我国快速走丝机床大都选用钼丝作电极丝，直径在 0.08 ~ 0.2 mm。

电极丝直径的选择应根据切缝宽窄、工件厚度和拐角尺寸大小来选择。若加工带尖角、窄缝的小型模宜选用较细的电极丝；若加工大厚度工件或大电流切割时应选较粗的电极丝。

② 电极丝直径的选择。电极丝直径 d 应根据工件加工的切缝宽窄、工件厚度及拐角尺寸大小等来选择。电极丝直径 d 与拐角半径 R 的关系为 $d \leqslant 2(R-d)$。

（2）工件准备。

工件准备主要是工件材料的选择和处理、工件加工基准的选择、穿丝孔的确定以及切割路线的确定。

（3）工作液的选择。

线切割加工中，工作液是脉冲放电的介质，对加工工艺指标的影响很大，对切割速度、表面粗糙度和加工精度也有影响。应根据线切割机床的类型和加工对象，选择工作液的种类、浓度及导电率等。

2．工件的装夹和位置校正

（1）对工件装夹的基本要求。

① 工件的装夹基准面应清洁无毛刺。

② 夹具精度要高，批量加工时最好采用专用夹具，以提高效率。

③ 装夹工件的位置要有利于工件的找正，并能满足加工行程的需要，不得与丝架相碰。

④ 装夹工件的作用力要均匀，不得使工件变形或翘起。

⑤ 细小、精密、薄壁工件应固定在辅助工作台或不易变形的辅助夹具上。

（2）工件的装夹方式。

装夹工件时，必须保证工件的切割部位位于机床工作台纵向、横向进给的允许范围之内，避免超出极限。同时应考虑切割时电极丝运动空间。夹具应尽可能选择通用（或标准）件，所选夹具应便于装夹，便于协调工件和机床的尺寸关系。在加工大型模具时，要特别注意工件的定位方式，尤其在加工快结束时，工件的变形、重力的作用会使电极丝被夹紧，影响加工。工件的装夹方式包括悬臂支撑方式、两端支撑方式、桥式支撑方式、板式支撑方式和复式支撑方式。

（3）工件的找正。

工件的找正包括拉表法、划线法和固定基面靠定法。

① 拉表法。利用磁力表架将百分表固定在丝架或其他固定位置上，百分表头与工件基面接触，往复移动床鞍，按百分表指示数值调整工件。校正应在三个方向上进行。

② 划线法。工件待切割图形与定位基准相互位置要求不高时，可采用划线法。固定在丝架上的一个带有顶丝的零件将划针固定，划针尖指向工件图形的基准线或基准面，移动纵（或

横）向床鞍，据目测调整工件进行找正。该方法也可以在粗糙度较差的基面校正时使用。

③ 固定基面靠定法。利用通用或专用夹具纵、横方向加工中摇臂钻床心的基准面，经过一次校正后，保证基准面与相应坐标方向一致。于是具有相同加工基准面的工件可以直接靠定，就保证了工件的正确加工位置。

（4）电极丝位置的调整。

线切割加工之前，应将电极丝调整到切割的起始坐标位置上，其调整方法有以下几种：

① 目测法。

对于加工要求较低的工件，在确定电极丝与工件基准间的相对位置时，可以直接利用目测或借助 2～8 倍的放大镜来进行观察。例如，可利用穿丝处划出的十字基准线，分别沿划线方向观察电极丝与基准线的相对位置，根据两者的偏离情况移动工作台，当电极丝中心分别与纵横方向基准线重合时，工作台纵、横方向上的读数就确定了电极丝中心的位置。

② 火花法。

调整位置时，移动工作台使工件的基准面逐渐靠近电极丝，在出现火花的瞬时，记下工作台的相应坐标值，再根据放电间隙推算电极丝中心的坐标。此法简单易行，但往往因电极丝靠近基准面时产生的放电间隙，与正常切割条件下的放电间隙不完全相同而产生误差。

③ 自动找中心。

所谓自动找中心，就是让电极丝在工件孔的中心自动定位。此法是根据线电极与工件的短路信号，来确定电极丝的中心位置。

16.3.7　电火花线切割编程

目前，生产的线切割加工机床都有计算机自动编程功能，即可以将线切割加工的轨迹图形自动生成机床能够识别的程序。

线切割程序与其他数控机床的程序相比，有如下特点：

① 线切割程序普遍较短，很容易读懂。

② 国内线切割程序常用格式有 3B（个别扩充为 4B 或 5B）格式和 ISO 格式。其中慢走丝机床普遍采用 ISO 格式，快走丝机床大部分采用 3B 格式。

以下通过 3B 代码的形式简述线切割的编程方法。

1. 线切割 3B 代码程序格式

线切割加工轨迹图形是由直线和圆弧组成的，它们的 3B 程序指令格式如表 16.1 所示。

表 16.1　3B 程序指令格式

B	X	B	Y	B	J	G	Z
分隔符	X 坐标值	分隔符	Y 坐标值	分隔符	计数长度	计数方向	加工指令

注：B 为分隔符，它的作用是将 X、Y、J 数码区分开来；X、Y 直线的终点或圆弧起点的坐标值；J 为加工线段的计数长度；G 为加工线段计数方向；Z 为加工指令。

2. 直线的 3B 代码编程

（1）x、y 值的确定。

① 以直线的起点为原点，建立正常的直角坐标系，x、y 表示直线终点的坐标绝对值，单

位为 μm。

② 在直线 3B 代码中，x、y 值主要是确定该直线的斜率，所以可将直线终点坐标的绝对值除以它们的最大公约数作为 x、y 的值，以简化数值。

③ 若直线与 X 或 Y 轴重合，为区别一般直线，x、y 均可写作 0，且在 B 后可不写。

（2）G 的确定。

G 用来确定加工时的计数方向，分 Gx 和 Gy。直线编程的计数方向的选取方法是：以要加工的直线的起点为原点，建立直角坐标系，取该直线终点坐标绝对值大的坐标轴为计数方向。具体确定方法为：若终点坐标为 (x_e, y_e)，令 $x = |x_e|$、$y = |y_e|$，若 $y < x$，则 $G = Gx$ ［见图 16.12（a）］；若 $y > x$，则 $G = Gy$ ［见图 16.12（b）］；若 $y = x$，则在一、三象限取 $G = Gy$，在二、四象限取 $G = Gx$。由上可见，计数方向的确定以 45° 线为界，取与终点处走向较平行的轴作为计数方向，具体可参见图 16.12（c）。

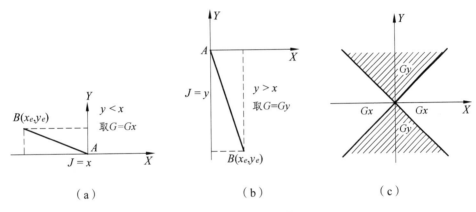

图 16.12　G 的确定

（3）J 的确定。

J 为计数长度，以 μm 为单位。以前编程应写满六位数，不足六位前面补零，现在的机床基本上可以不用补零。

J 的取值方法为：由计数方向 G 确定投影方向，若 $G = Gx$，则将直线向 X 轴投影得到长度的绝对值即为 J 的值；若 $G = Gy$，则将直线向 Y 轴投影得到长度的绝对值即为 J 的值。

（4）Z 的确定。

加工指令 Z 按照直线走向和终点的坐标不同可分为 $L1$、$L2$、$L3$、$L4$，其中与 $+X$ 轴重合的直线算作 $L1$，与 $-X$ 轴重合的直线算作 $L3$，与 $+Y$ 轴重合的直线算作 $L2$，与 $-Y$ 轴重合的直线算作 $L4$，如图 16.13 所示。

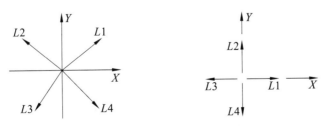

图 16.13　Z 的确定

3. 圆弧的 3B 代码编程

（1）x、y 值的确定。

以圆弧的圆心为原点，建立正常的直角坐标系，x、y 表示圆弧起点坐标的绝对值，单位为 μm。

如图 16.14（a）所示，$x = 30\,000$，$y = 40\,000$；图 16.14（b）中，$x = 40\,000$，$y = 30\,000$。

（2）G 的确定。

G 用来确定加工时的计数方向，分 Gx 和 Gy。圆弧编程的计数方向的选取方法是：以某圆心为原点建立直角坐标系，取终点坐标绝对值小的轴为计数方向。具体确定方法为：若圆弧终点坐标为（x_e，y_e），令 $x = |x_e|$、$y = |y_e|$，若 $y < x$，则 $G = Gy$ [见图 16.14（a）]；若 $y > x$，则 $G = Gx$ [见图 16.14（b）]；若 $y = x$，则 Gx、Gy 均可。

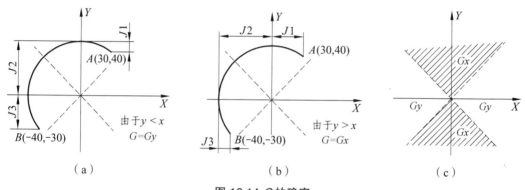

（a）　　　　　　　　　（b）　　　　　　　　　（c）

图 16.14 G 的确定

由上可见，圆弧计数方向由圆弧终点的坐标绝对值大小决定，其确定方法与直线刚好相反，即取与圆弧终点处走向较平行的轴作为计数方向，具体可参见图 16.14（c）。

（3）J 的确定。

圆弧编程中 J 的取值方法为：由计数方向 G 确定投影方向，若 $G = Gx$，则将圆弧向 X 轴投影；若 $G = Gy$，则将圆弧向 Y 轴投影。J 值为各个象限圆弧投影长度绝对值的和。$J1$、$J2$、$J3$ 大小分别如图 16.14（a）、（b）所示，$J = |J1| + |J2| + |J3|$。

（4）Z 的确定。

加工指令 Z 按照第一步进入的象限可分为 $R1$、$R2$、$R3$、$R4$；按切割的走向可分为顺圆 S 和逆圆 N，于是共有 8 种指令：$SR1$、$SR2$、$SR3$、$SR4$、$NR1$、$NR2$、$NR3$、$NR4$，具体如图 16.15 所示。

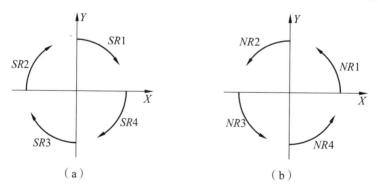

（a）　　　　　　　　　（b）

图 16.15 Z 的确定

4. 手工 3B 代码编程实例

【例题】　请写出图 16.16 所示轨迹的 3B 程序。

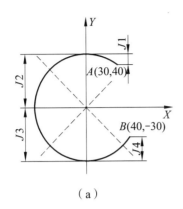

（a）

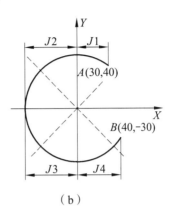

（b）

图 16.16

解： 对图 16.16（a），起点为 A，终点为 B，

$$J=J1+J2+J3+J4=10\,000+50\,000+50\,000+20\,000=130\,000$$

故其 3B 程序为：

　　　　　　B30 000　　B40 000　　B130 000　　GY　　NR1

对图 16.16（b），起点为 B，终点为 A，

$$J=J1+J2+J3+J4=40\,000+50\,000+50\,000+30\,000=170\,000$$

故其 3B 程序为：

　　　　　　40 000　　B30 000　　B170 000　　GX　　SR4

16.3.8　线切割加工的安全技术规程

（1）开启控制台主机进入软件菜单编辑好加工件程序并进行模拟切割，确认无误后再调入加工页面。

（2）装夹加工件，小件可用磁铁吸住、大件必须用固定块固定牢固，再用百分表对工件三面校正，确认工件安装位置正确，然后把标准垂直校正块放入工件基准面校正好钼丝垂直度。

（3）装夹完成后再对程序和参数进行最后确认，确保加工过程中无发生干涉和碰撞可能，确认无误后再开启加工。

（4）开机的顺序，先按走丝按钮，在按工作液泵按钮，使工作液顺利循环，先空转 10 min 后，再按高频电源按钮开始进行切割加工。

（5）加工过程中要注意观察加工轨迹、加工状态有无异常，以便及时修正。

（6）每次新安装完钼丝，先空运转 3 ~ 5 min，再调整钼丝。

（7）操作储丝筒后，应及时将手摇柄取出，防止储丝筒转动时将手摇柄甩出伤人。

（8）换下来的废旧钼丝不能放在机床上，应放入指定位置，防止混入电器和走丝机构中，造成电器短路、触电和断丝事故。

（9）加工过程中出现意外情况时必须先关掉高频电源让加工过程保持暂停状态再进行问题处理。

（10）加工过程中认真观察各电加工数值，防止断丝，短路及工作液不足等状况，确保机床，工具的正常运行保证加工件的质量。

（11）加工时一次开启设备上的走丝，水泵，高频开关和控制台上的加工键。根据材质，料厚，加工精度的不同调节脉宽，间隔及变频微调等参数。

（12）正常停机情况下，一般把钼丝停到丝筒的一边，以防碰断钼丝造成整筒丝报废。

（13）关机必须先按关机开关，在自动关机程序未结束前，不得将主开关调至 OFF。

（14）断电后清扫设备并加油，清点、擦拭专用工具或夹具，并摆放整齐。

（15）认真做好工作记录。

16.3.9　电火花线切割的操作（以宝玛 DK7740 为例）

1. 手工编程实例

在一块 1 mm 厚的不锈钢板上加工一个边长为 40 mm 的正方形，刀具起始点为坐标原点，其终点也是原点，走刀方向为逆时针。

2. 机床的操作

下面以宝玛 DK7740 为例，简要介绍电火花线切割的操作方法。

（1）开机。

首先检查机床状态是否正常，然后拉起控制面板上的"急停"按钮，顺时针旋转机床的主电源旋钮，启动机床控制柜主电源键和计算机主机电源键，等待机器进入操作系统。

（2）对刀。

把要加工的不锈钢板固定在机床导轨上，可直接采用两根导轨夹紧工件的方法将工件固定。然后通过控制机床 X 轴和 Y 轴的进给手柄，使钼丝逐渐靠近工件。对刀原则是钼丝刚好接触工件即可，不能超程让钼丝受力弯曲。同时也可以采用加工界面中的"对边"功能自动对刀。

（3）全绘编程。

在计算机桌面打开"线切割 HL 编程软件"，进入软件后，点击 全绘编程 按钮，进入绘图界面，如图 16.17 所示，点击 清　屏 按钮，把上次绘图的残留轨迹清除，然后点击 绘直线 按钮开始绘图。图案生成前必须先定义起点，点击 取轨迹新起点 按钮，用键盘输入加工起点，一般定义为坐标原点。如图 16.18 所示，输入完后用键盘按"Enter"确认。

起点定义完毕后，根据加工要求，输入终点坐标。点击 直线：　终点 ，走刀方向为逆时针，输入第一个坐标终点（40，0），按"Enter"确认，输入第二个坐标终点（40，40）按"Enter"确认，输入第三个坐标终点（0，40）按"Enter"确认，最后输入第四个坐标终点（0，0）按"Enter"回到坐标原点。所有坐标点定义完毕后，图案自动生成，这时在键盘上按"Esc"退出绘图界面，用鼠标点击 退出....回车 ，全绘编程完成。

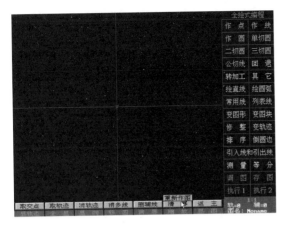

图 16.17　清屏

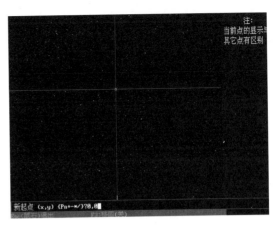

图 16.18　定义新起点

（4）生成加工代码。

点击 执行 按钮，进入刀具补偿界面，在 间隙补偿值(mm)(单边,一般)>=0,也可(0) f= 后面输入"0.1"，用键盘按"Enter"。点击 8 后　置 进行后处理，这时可以选择生成 G 代码或者 3B 代码。以生成 G 代码为例，先点击 (1)　生成平面G代码加工单... ，然后点击 (3)　G代码加工单存盘(平面) 对程序进行命名和保存，输入存盘的文件名[.2NC]如"123"后，连续用键盘按三次"Enter"。

（5）加工。

在软件主界面上，点击 加　工 ，开始选择加工程序，点击 读盘 ，根据所生成的代码形式选择程序。点击 读G代码程序 ，在程序目录下导出所生成的文件。检查加工轮廓和代码是否正确，根据工件的材料类型和厚度，变频参数设置为"3"等级。然后在机床控制柜的操控面板上打开"运丝启停"、"水泵启停"、"高频启停"这 3 个加工参数，如图 16.19 所示。以上 3 个参数满足，状态指示灯常。最后在软件上点击 切割 ，线切割进行自动加工。加工过程中要注意观察放电情况，机床工作液尽量沿着钼丝往下流动，保证切屑被冲走和钼丝有足够的冷却。

图 16.19　加工时提供的参数

（6）关机。

工件加工完毕后，要保证工件完全离开钼丝后才能把卸下，清理机床，然后机床控制柜上的计算机关机，最后逆时针旋转机床的主电源旋钮关机。

16.4　电火花精细小孔放电机加工

如图 16.20 所示，电火花小孔放电机加工工艺是近年来新发展起来的，它属于电火花加工（Electro Spark Erosion）又称放电加工（Electro Discharge Machining）机床的一种。别名：

小孔机、打孔机、穿孔机。和快走丝、中走丝、慢走丝、电火花成型机和电火花内孔、外圆磨床一样都是电火花加工机床。

16.4.1　小孔放电机加工原理

小孔放电机的工作原理是利用连续移动的细金属管状（称为电极丝）作电极，与电火花线切割机床、成型机不同的是，它电脉冲的电极是空心铜棒。对工件进行脉冲火花放电蚀除金属、切割成型。管状电极加工时电极作回转和轴向进给运动，管电极中通入 1～5 MPa 的高压工作

图 16.20　电火花小孔放电机

液，如图 16.21 所示。由于高压工作液能迅速将电极产物排除，且能强化火花放电的蚀除作用，此加工方法的最大特点是加工速度高，一般小孔加工速度可达 60 mm/min 左右，比普通钻孔速度还要快。最适合加工 0.3～3 mm 的小孔且深径比可超过 100。一般用于加工超硬钢材、硬质合金、铜、铝及任何可导电性物质的细孔。

16.4.2　小孔放电机加工的特点

（1）采用细管 $\phi 0.3～3.0$ mm 电极，管内冲入高压水基工作液。
（2）细管电极旋转。
（3）穿孔速度很高。
（4）操作简便，具有穿孔效率高，加工精度高，性能可靠，质量稳定等优点。

16.4.3　小孔放电机的操作（以宝玛 BMD703 为例）

1. 控制面板

宝玛 BMD703 精细小孔放电机的控制面板如图 16.22 所示。

2. 机床的操作

以玛 BMD703 精细小孔放电机为例，简要介绍小孔放电机的操作。加工采用 $\phi 1.0$ mm 的空心铜棒，在 20L×10W×10H（单位 mm）的铝材上加工深度为 6.5 mm 深的小孔。

（1）开机。

首先检查机床状态是否正常，然后拉起控制面板上的"急停"按钮，启动绿色电源键，等待机器进入操作系统。

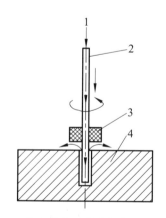

图 16.21　电火花小孔放电机加工原理示意图
1—高压工作液；2—管电极；3—导向器；4—工件

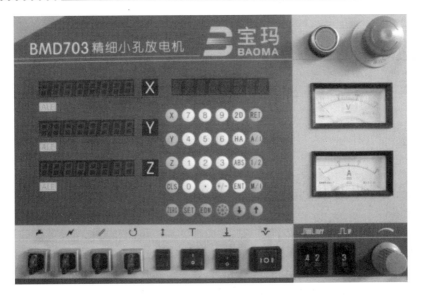

图 16.22　宝玛 BMD703 精细小孔放电机的控制面板

（2）对刀。

由于加工的铝材尺寸较小，不能直接把工件放在导轨上，避免空心铜棒在加工时旋转引起位置偏移，因此需要用夹具将工件固定。通过控制机床 X 轴和 Y 轴的进给手柄，使空心铜棒位于工件的上方，然后在机床立柱上按白色按钮调节 Z 轴使放电电极逐渐靠近工件上表面。当电极将要贴近工件时，点动白色按钮，两者接触后停止按动，对刀过程完毕。

（3）绝对坐标清零。

每次加工前，必须要设定加工起点，一般设定为坐标原点，即分别将 X、Y、Z 三个坐标轴清零。在机床控制面板上，按蓝色"X"按钮，再按"CLS"，把 X 轴清零；按蓝色"Y"按钮，再按"CLS"，把 Y 轴清零；按蓝色"Z"按钮，再按"CLS"，把 Z 轴清零。

（4）加工。

加工前先设定要加工的深度，按照上述加工要求，深度设定为 6.5 mm。在机床控制面板上，按"EDM"，屏幕进入深度设定界面，输入"6.5"后"ENT"确定。然后，依次从左到右打开三个加工参数，分别为"冷却水打开"、"脉冲放电"、"Z 轴旋转"，如图 16.23 所示顺时针旋转开关。三个指示灯都亮时，在控制面板上按橙色"↓"按钮，即可开始加工。

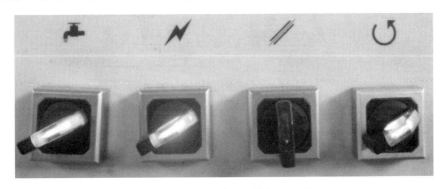

图 16.23　小孔放电机的加工参数

（5）关机。

工件加工完毕后，空心铜棒会自动提高 10 mm 的安全高度，将以上三个加工参数按钮从右到左逆时针旋转，然后将工件从夹具中取出，清理机床，最后将控制面板上的"急停"开关按下使机床关机。

16.5 激光加工

16.5.1 激光及其加工系统

与普通光源相比，激光具有高亮度、高方向性、高单色性和高相干性等优异特性。激光的优异性能来源于其受激辐射的本质特征。

激光加工主要利用激光与材料相互作用的热效应。在加工过程中，激光通过光学系统的变换，可以对被加工对象实现不同能量密度的辐射，使材料升温而产生固态相变、熔化或汽化等现象，实现各种加工。激光加工与传统的机械加工相比，加工速度快，热影响区小、变形小，尤其适合高熔点、高硬度、脆性材料和复合材料的加工，能对零部件局部进行精确处理，与电子技术和精密机械相结合，易于实现自动化加工。

激光加工系统一般由激光发生器、导光系统和加工机床构成，激光加工原理如图 16.24 所示。

激光器主要由工作物质、激励系统、光学谐振腔三部分构成，是产生激光的实际装置，它使工作物质激活，产生受激放大作用，并使受激辐射维持，在腔内形成持续的振荡，最初由自发辐射产生的微弱光经过选择性受激放大，沿光轴的光得到优先强化，部分振荡能能耦合输出便成为激光。目前，激光器种类繁多，适用于工业加工的激光器主要有 CO_2 激光器、YAG（掺钕钇铝石榴石）激光器和半导体激光器等。

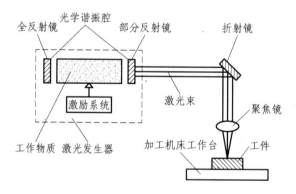

图 16.24　激光加工原理示意图

16.5.2 激光加工应用

1. 激光打孔

激光打孔是利用激光经过光学系统的整理、聚焦和传输，在焦点处获得直径为几十至几微米的细小光斑，使材料在焦点处瞬间产生高温而汽化，金属蒸气猛烈喷出而形成孔洞。激光打孔所需的激光功率密度为 $10^7 \sim 10^9 \, \text{W/cm}^2$，可对所有的金属材料和非金属材料进行打孔加工。激光打孔生产效率极高，是电火花加工效率的 12～15 倍，且能加工微细孔及异形孔。

激光打孔特别适用于各种硬质、脆性、难熔材料的加工。如在高熔点金属钼板上打微米级的孔、硬质合上打几十微米的小孔；宝石上加工几百微米的深孔及加工金刚石拉丝模、化学纤维的喷丝头等。这一类加工任务，用常规机械加工方法很难甚至根本不可能进行，而激光打孔却不难实现。

2. 激光切割

在激光打孔的基础上，令打孔光束与材料产生相对移动，使孔洞连续形成切缝，称为激光切割。激光切割可切割各种材料，不受材料的硬度影响。切割金属时，深宽比可达 20∶1 左右；对非金属可达 100∶1 以上。精度高，工件基本没有变形，且速度快。如切割丙烯板材的效率为机械切割法的 7 倍，切割钛合金板材的效率比氧-乙炔切割方法的效率提高了 30 倍，而热影响区仅为氧-乙炔切割的 1/10，成本可降低 70%～90%。

激光切割可实现高难度、复杂形状的自动化加工，且与计算机结合，可整张板排料，节省材料，特别适应多品种小批量生产的要求。

3. 激光焊接

激光焊接是将高强度的激光束辐射至待焊工件结合处，使该处材料熔化而形成焊缝。是一种高质量的精密焊接方式，所需的功率密度为 $10^5 \sim 10^8 \, \text{W/cm}^2$。

激光焊接与其他焊接相比，具有焊缝强度高、深宽比大、变形小、无污染等优点，可焊接难熔材料如钛合金、石英等，并能对异种材料施焊。焊接后一般不需后续加工，生产效率高，易于实现自动化生产。

激光焊接主要用于仪表、仪器、电器、半导体工业精密微型焊接，例如：激光焊接集成电路引线、钟表游丝、显像管电子枪等。也广泛用于机械、汽车、航空等工业的大件焊接，如金刚石锯片、轿车车厢、汽车同步齿轮等部件的焊接。

16.5.3　激光加工操作步骤及案例解析

1. 激光雕刻

（1）图像处理。

图片格式为 JPG 、GIF、PNG、PSD 的图片需要处理成 BMP 格式，才能在机器上进行雕刻、切割。各种格式可应用美图秀秀、Photoshop 等软件处理。

（2）CorelDraw 软件处理图像及打印。

导入图片，步骤如下：

第一步：左上角文件—导入（或者复制粘贴）。

第二步：点击图片，单击左上角纸张大小，选择"ILS-3NM"修改参数，设置图片的大小。

第三步：单击图片，点击工具栏的"位图—转换为位图—颜色—黑白一位"，设置成单色位图。

第四步：单击画矩形的 ⬜ 图标，在图片周围画一个矩形，鼠标右键单击调色板上的绿色，边框变成绿色就可以。

第五步：单击文件—打印，设置好机器参数，文件输出到机器，操作机器进行加工。

（3）实例解析。

打开 CorelDraw 软件，选择新建。

单击 文件(F) 编辑(E) 在下拉菜单中选择"ILS-3NM"，导入图片。

点击图片，设置大小，如图 16.25 所示，大小设置成宽 100 mm、高 100 mm。

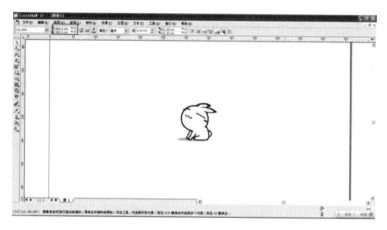

图 16.25　设置图片大小

单击图片—位图—转换位图—颜色—黑白一位，确定即可。

单击左面的"矩形工具" ，在图片周围画一个矩形，右键单击调色板上的红色，如图 16.26 所示。

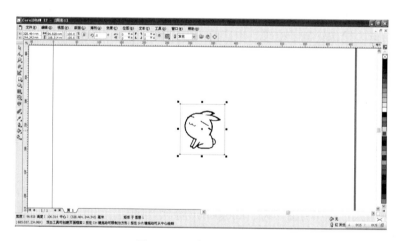

图 16.26　绘制图片外框

点击图片，单击左面的"椭圆工具" ，在左上角画一个圆，在左上角设置大小为宽 4 mm、高 4 mm，单击圆，右键单击调色板上的绿色，如图 16.27 所示。

点击文件—打印—属性。在弹出的窗口里，雷射设定中黑色图标功率 72%，速度 91%；红色图标功率 91%，速度 1%；绿色图标功率 91%，速度 1%；如图 16.28 所示。

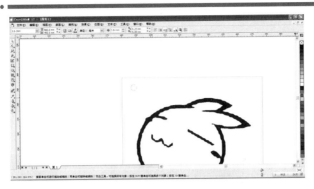

图 16.27　绘制图片内部图形

图 16.28　加工参数设置

模式设定，切割雕刻选项里，切割框打钩，选择红色、绿色；雕刻框打钩，选择黑色。确定—应用—打印即可，如图 16.29 所示。

图 16.29　加工模式设置

2. 激光切割

与激光雕刻不同，激光切割是在图文的外轮廓线上进行的。

通常使用此模式在木材、亚克力、纸张等材料上进行穿透切割，也可在多种材料表面进行打标操作。以下用大象笔盒进行实例解析。

（1）分析模型构成，用 AutoCAD 等软件绘制各零部件，并把图像转换成 DXF 格式，如图 16.30 所示。

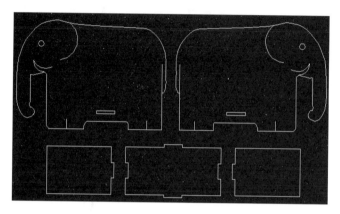

图 16.30　绘制平面图形

（2）将 DXF 文件导入电脑，设置好切割参数并进行加工。在激光机里切割出各个零部件，注意：模型尺寸是否适当，与槽口尺寸配合是否正确，如图 16.31 所示。

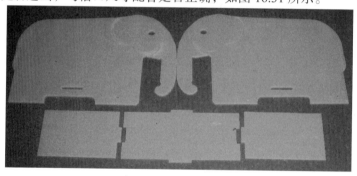

图 16.31　激光切割零件

（3）组装模型。除了固有的装配关系，组装模型时，可用胶水适当辅助，如图 16.32 所示。

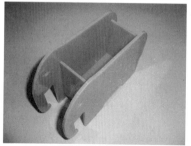

图 16.32　组装模型

思考与练习

16.1　简述数控电火花成型加工的基本原理。

16.2　简述电火花成型加工机床的分类方法。

16.3　电火花成型机床由哪几部分组成？

16.4　电极极性的选择原则是什么？

16.5　简述数控线切割机床的加工原理。

16.6　电火花线切割加工主要应用于哪些领域？

16.7　电火花线切割加工机床由哪几部分组成？

16.8　简述激光加工及其系统组成？

16.9　简述激光加工的应用？

16.10　请您结合实际生活，想想激光加工还有什么应用？

第 17 章 快速成型与快速模具

17.1 快速成型技术

快速成型（RP）技术是 20 世纪 90 年代发展起来的一项先进制造技术，是为制造业企业新产品开发服务的一项关键共性技术，对促进企业产品创新、缩短新产品开发周期、提高产品竞争力有积极的推动作用。自该技术问世以来，已经在发达国家的制造业中得到了广泛的应用，并由此产生一个新兴的技术领域。快速成型技术是将计算机辅助设计（CAD）、计算机辅助制造（CAM）、数控技术（CNC）、激光技术、材料技术等集成于一体的多学科交叉的先进制造技术。

17.1.1 快速成型原理

RP 技术是基于离散-堆积原理的成型方法，由三维 CAD 模型直接驱动，用材料逐层或逐点堆积出样件，快速地制造出相应的三维实体模型，是一种全新的思维模式。与传统的去除成型方式（车、铣、刨、磨等）不同，它又称为自由制造（freeform fabrication）、添加成型（additive fabrication）。

快速成型的工艺过程首先是在计算机上运用三维设计软件（如 SolidWorks、UG NX、Pro/E等）、重建软件（如 Imageware 等）设计或重建出产品的三维模型，然后将 CAD 数据转换成 STL文件格式后用 RP 专业软件（如 Magics 等）进行网格划分、分层切片等处理，采用计算机驱动，在二维平面上对材料进行选择性切割，形成一系列截面轮廓片状实体，逐层堆积成所设计的样件，经过相应的后处理得到所需的原型或产品。

17.1.2 快速成型工艺过程

快速成型工艺过程主要包括前处理、自由成型、后处理三个步骤，如图 17.1 所示。

（1）前处理是对设计或重建出的 3D 模型进行数据转换、纠错、成型方向选择以及支撑结构生成等操作，然后选择成型方式，根据成型工艺需求分层切片，将三维模型转变成二维截面平面信息，再将分层后的二维信息生成相应的格式输出。

（2）自由成型是 RP 的核心，主要包括模型截面轮廓的制作与截面轮廓的叠合。在计算机控制下，平面加工方式有序地连续加工出每个薄层模型，层层粘接成型，构成一个与三维 CAD模型相对应的三维实体模型。

（3）后处理主要包括样件的剥离、拼接、修补、打磨、抛光和表面喷涂等，最终得到所需的样件。

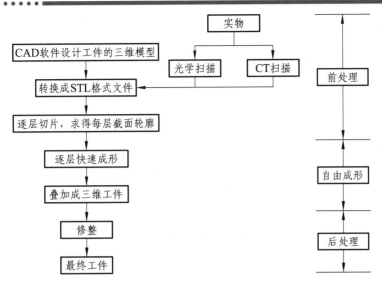

图 17.1　快速成型工艺过程

17.1.3　快速成型类型

　　目前，典型的快速成型类型有熔融挤压（FDM）、三维打印（TDP）、激光固化（SLA）、激光烧结（SLS）和激光切纸（LOM）等 5 种，如图 17.2 所示，尽管这些快速成型的结构和采用的原材料有所不同，但都是基于添加成型法原理，即用一层层的小薄片轮廓逐步叠加成三维工件。其差别主要在于薄片采用的原材料类型，由原材料构成截面轮廓的方法，以及截面层之间的连接方式。本实训项目主要以熔融挤压快速成型制作作为快速成型的工程训练对象。

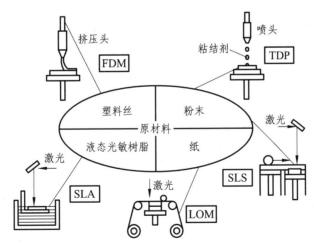

图 17.2　常见的快速成型类型

17.1.4　熔融挤压快速成型

　　熔融挤压快速成型又称为熔融沉积快速成型（Fused Deposition Modeling，FDM）。在计算机的控制下，根据工件截面轮廓信息，挤压头可作水平 X 方向和高度 Z 方向的运动，工作台可作水平 Y 方向的运动。丝状热塑性材料（如 ABS、尼龙丝等）由送丝机构送至挤压头，在其中加热至熔融态，然后通过喷嘴被挤出并沉积在工作台上，快速冷却后形成截面轮廓和支撑结构。工件的一层截面成型完成后，挤压头上升一个截面层的高度（一般为 0.1～0.2 mm），再进行下一层截面的沉积，如此循环，最终形成三维工件，如图 17.3 所示。由于必须对工件截面的所有部位逐步进行沉积，比较费时，这种快速成型机比较适合于制作中小型薄壁塑料件。

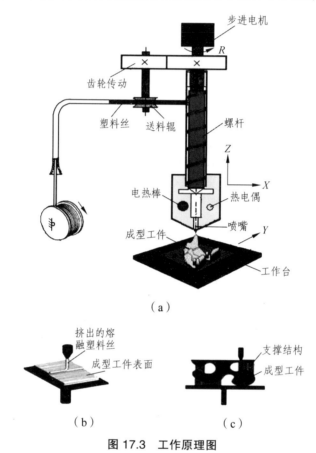

（a）

（b）　　　　　　　　（c）

图 17.3　工作原理图

17.1.5　熔融挤压快速成型设备

以上海富奇凡机电科技有限公司的 HTS-300 快速成型机为例，简要介绍其工作原理、结构、操作方法及其注意事项。

1. 工作原理

HTS-300 快速成型机采用辊轮-螺杆式熔挤系统，挤压头内的螺杆和送丝机构用可沿 R 方向旋转的同一步进电机驱动，送丝机构由传动齿轮和两对辊轮组成。外部计算机发出控制指令后，步进电机驱动螺杆，同时，又通过齿轮驱动送料辊，将直径 4 mm 的塑料丝送入挤压头。在挤压头中，由于电热棒的加热作用，塑料丝呈熔融状态，并在变截面螺杆的推挤下，通过直径为 0.2 ~ 0.5 mm 的小喷嘴沉积在工作台上，并在冷却后形成工件的截面轮廓。这种熔挤系统的驱动步进电机的功率大，能产生很大的挤压力，因此，成型工件的截面结构密实，品质好。

2. 结构描述

HTS-300 快速成型机由挤压头、送丝机构、挤压头的水平运动机构和垂直运动机构、工作台及其前后运动机构、控制系统、操作面板和机架等部分组成，如图 17.4 所示。

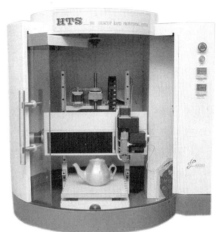

1）挤压头

挤压头用于加热和挤出丝料，它由螺杆、驱动步进电机、电热棒、热电偶、喷嘴和外壳等组成。

2）送丝机构

送丝机构用于将塑料丝送入挤压头，它由料盘、步进电机驱动的齿轮箱和两对送料辊等组成。

3）挤压头的水平运动机构

挤压头的水平运动机构用于使挤压头沿 X 方向左右运动，它由伺服电机、齿形皮带传动和滚珠丝杠传动等组成。

4）挤压头的垂直运动机构

图 17.4　HTS-300 快速成型机

挤压头的垂直运动机构用于使挤压头沿 Z 方向上下运动，它由步进电机、齿形皮带传动和滚珠丝杠传动等组。

5）工作台及其前后运动机构

工作台用于支撑成型工件，前后运动机构可使工作台沿 Y 方向前后运动，它由伺服电机、齿形皮带传动和滚珠丝杠传动等组成。

6）控制系统和操作界面

控制系统用于接受外部计算机的指令；操作面板上有电源开关、急停按钮、温控器。

（1）电源开关：开机时按下电源，指示灯点亮，快速成型机启动。必须在启动软件前先接通机器的电源。

（2）急停按钮：遇到紧急故障时，迅速按下急停按钮，快速成型机将立即停止运作。排除故障后，旋转急停按钮，使其复位。

（3）温控器：两个温控器分别用于设定挤压腔和喷嘴的温度并显示其实际的温度值。

3. 操作方法

（1）开机前的准备工作：检查加工所用材料；清理成型工作平台。

（2）开机操作：打开总电源开关；启动计算机，运行 HTS 软件；通过 U 盘或网络导入准备加工的 STL 模型至计算机中。

（3）根据要求处理模型，进行加工。

（4）从工作台上取下样件，进行后处理。

（5）关机。

4. 注意事项

（1）保持工作区域干净、干燥、整洁；

（2）禁止用手触摸成型工作空间内的任何运动部件；

（3）加工过程中，关闭设备的门。

6. 熔融挤压快速成型实践

1）粘接基底

用双面胶带将用作基底的纸板粘接在工作台的上表面。

（1）粘接时应使纸板的光面朝下，毛面朝上。

（2）在纸板的中间和四边都应粘贴胶带。

2）接通电源

按下控制面板上的电源开关，快速成型机通电。然后，检查控制面板上 2 个温控器，等待温度上升到设定值（喷嘴温度一般为 156 ℃，挤压腔温度一般为 143 ℃）。

3）启动软件系统

用鼠标双击计算机屏幕桌面上的快速成型机软件图标 。

4）打开所需文件

用鼠标选择菜单条上的文件→打开菜单或 按钮，系统弹出打开文件对话框，选择并装载所需新成型工件的 STL 格式文件，如图 17.5 所示。

图 17.5　打开成型文件

5）选择工件的成型方向（用旋转命令将模型转至站立状态）

点击工具条上按钮 ，用鼠标拖曳工件图形，改变观察方向，观察工件结构及形状，判断合适的成型方向。可以用鼠标选择编辑→旋转菜单项，弹出如图 17.6 所示的"零件旋转"对话框。

6）制作测试块，调整有关参数

通过制作测试块来进行工艺试验，以便确定如下主要工艺参数：加热温度、挤压头的挤料速度因子、工件填充路径宽度，以及工件轮廓补偿值。

（1）合适加热温度下用鼠标点击工具栏区的喷嘴检查图标 ，屏幕上出现如图 17.7 所示的对话框。

图 17.6　旋转确定方向

图 17.7　检查喷头

将此对话框中的电机转速设置成 100 转/分钟，然后用鼠标点击"挤料"键，成型机开始挤料。用手抽动从喷嘴挤出的细丝，如果细丝能够抽得很长，不易拉断，说明喷嘴的温度较高，需要降低喷嘴温度；如果细丝显得较脆，一抽即断，说明喷嘴的温度较低，需要升高喷嘴温度。在比较合适的喷嘴温度下，细丝应较易抽断，但在抽断处有明显的被拉细的纤维。

（2）合适的挤压头挤料速度因子。在软件系统界面上，用鼠标点击参数设置→速度参数菜单项，弹出如下对话框，如图 17.8 所示。

图 17.8　工件速度参数设置

① 在运动速度项中有：

可忽略线段：当某段线段的长度小于设定值时则予以忽略，单位为 mm。

最大加速度：挤压头在速度变化时允许的最大速度变化量。

拐角容差：为了避免在拐角处，挤压头的停顿而导致材料堆积而设置的参数，一般为 0.02。

最大速度：挤压头允许的最大速度。

② 在挤料速度因子项中有：

零件：成型工件实体处时的挤料速度（挤料速度 = 成型头运动速度 × 挤料速度因子）。

支撑：在制作支撑结构时的挤料速度。喷嘴直径、温度和层高确定以后，需要调整挤料速度因子，使得丝宽与喷嘴直径相等。

（3）零件填充路径宽度和零件轮廓补偿值。用鼠标点击参数设置→工件参数菜单项，屏幕出现如下对话框，按照此框中所给的值设置各个参数，如图 17.9 所示。

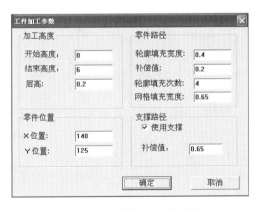

图 17.9　工件加工参数设置

① 在加工高度项中有：

开始高度和结束高度：表示工件的开始和结束高度。

层高：表示每一层的高度，即挤压头在 Z 轴上每次上升的高度。

② 在零件位置项中有：

X 位置和 Y 位置：表示在工作台上 X 轴和 Y 轴的位置。

③ 在零件路径项中有：

填充宽度：丝与丝之间距离（0.4 ~ 0.45）。

补偿值：填充丝到轮廓的距离（0.2）。

轮廓填充次数：轮廓的走丝次数（4）。

④ 在支撑路径项中有：

支撑补偿值：支撑边到轮廓距离（0.65）。

7）生成支撑结构

在软件系统界面上，用鼠标选择支撑→生成支撑编辑菜单项，软件弹出如图17.10所示的"生成支撑"对话框。

图 17.10　支撑设置

角度可以选择10°~60°。

按此框的设置，用鼠标选择"开始计算"后，支撑生成如图17.11所示（蓝色部分）。

在左下角的支撑编辑部分，对隐藏其他支撑选项前的框打勾，以便对支撑进行选择。按进行选择，如不需要，点击删除即可，如图17.12所示。

图 17.11　生成支撑

图 17.12　隐藏工件支撑

8）生成加工路径

在软件系统界面上，用鼠标选择填充数据→生成路径菜单项，软件弹出生成加工路径对话框。在对话框中选择"是（Y）"按钮，接受缺省的加工路径文件名。如果选择"否（N）"，系统将弹出标准的文件对话框，操作者可以设定新的加工路径文件名。加工路径包括多个文件，为了方便文件管理，应将路径文件放在一个单独的目录中，如 D:\RP\PATH\XXX。

9）调整挤压头相对工作台的位置

在软件系统界面上，用鼠标选择手动操作→平台运动菜单项或 ⊟ 按钮，软件弹出如下平台运动对话框，如图17.13所示。

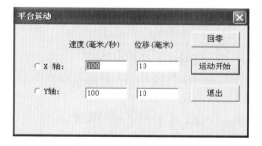

图 17.13　调整挤压头 X、Y 方向的位置

在 X 轴与 Y 轴的"位移"栏内分别键入数值 140 与 125，选中 X 轴（或 Y 轴），再用鼠标点击此对话框中的"运动开始"项，观察挤压头是否移动到工作台的中心位置。如果需将挤压头放在基底的其他位置，可以根据需要调整 X 轴和 Y 轴的位置。由于是确定工件的中心点，所以要计算好大小，不要让工件超出基底。这个对话框调整的都是相对位置，所以每一次调整都应记录下来，最后计算出总的位置，然后在工件加工参数对话框中修改相应的 X 位置和 Y 位置。

然后，在软件系统界面上，用鼠标选择手动操作→Z 轴运动菜单项或 ⬆ 按钮，软件弹出"成形头 Z 向移动"对话框，如图 17.14 所示。

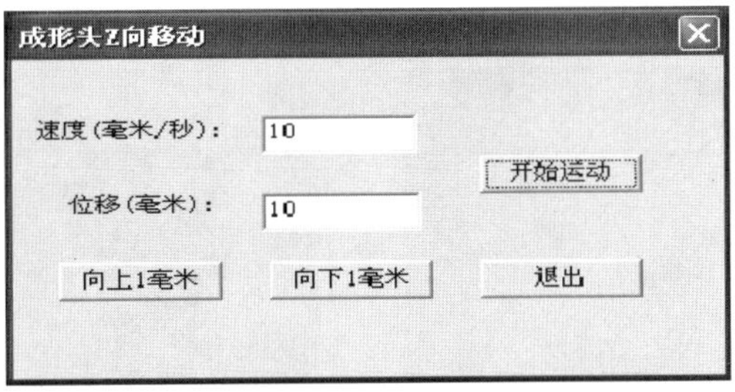

图 17.14　调整挤压成形头 Z 方向的位置

根据喷嘴距离工作台上基底的高度，在对话框的"位移"项中键入一个小于而接近上述高度的数值（负值下降），并点击开始运动，使喷嘴下降相应的高度。逐步调整，使喷嘴与纸基底之间的距离为 0.1 mm 左右。为便于操作，可以在喷嘴下面垫一张打印纸，然后逐渐下降喷嘴，直到打印纸能够移动但有明显阻力时为止。

10）估计成型时间

点击工具条上 ◎ 按钮，得到在上述参数条件下，完成此工件成型所需的估计时间。用鼠标点击"确定"键自动完成时间计算。

11）自动成型工件

在软件系统界面上，用鼠标点击 ⬛auto 按钮，屏幕上呈现的对话框如图 17.15 所示。

去掉"需要上升一层"前的勾，点击"确定"后，机器便自动开始成型工件。直到加工完毕，如图 17.16 所示，挤压头退回到 $X=0$，$Y=0$ 处。

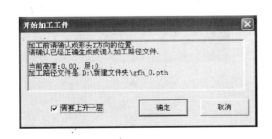

图 17.15　成型工件

图 17.16　加工完毕

实践作品

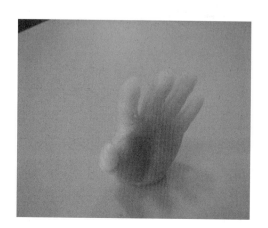
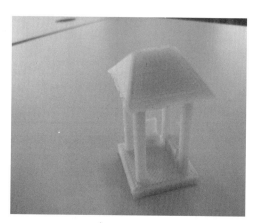

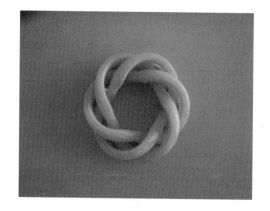

17.2　快速模具技术

随着社会进步与经济发展，市场竞争越来越剧烈，用户需求不断增强，迫使企业采用 RP 技术最大限度地缩短新产品的开发周期、降低成本，以适应客户的最新要求。快速模具（Rapid Tooling，RT）技术就是适应这种市场需求，能快捷、低成本地制作模具的一种新兴技术，它起源于 20 世纪 80 年代后期，是传统的制模方法与 RP 技术相结合的产物。

17.2.1　快速模具技术原理

RT 方法大致分为直接制模方法与间接制模方法，其中间接制模方法还可分为软质模具、过渡模具、硬质模具等。软模是一种试制用的模具，是用 RP 样件或其他样件作为母模，浇注双组分硅橡胶，硫化后形成软模。由于模具以硅橡胶为材料，故又称为硅橡胶模具（简称硅胶模）。硅胶模有良好的弹性和韧性，复制性良好，模具制作中无需考虑起模斜度，简化了模具设计，并且制作周期短，成本低，易于脱模。制作中将母模放在模框（尺寸合适的容器）中，向模框中灌注液体硅橡胶，待固化后打开模框，在分型面处用分模刀分开固化的硅橡胶，加上浇口，即得到所需的软模。最后将双组分液体材料灌入硅胶模中，固化后得到不同性能的零件。本实习项目主要以硅胶模的制作作为快速模具的工程训练对象。

17.2.2　硅胶模工艺过程

在实际应用中，以 RP 样件作为母模，通过软模技术制造硅胶模具，翻制单件小批量的塑料、橡胶等零件，硅胶模工艺流程包括以下步骤：母模准备、硅胶模制作、产品制作，硅胶模的工艺流程如图 17.17 所示。

图 17.17　工艺流程

1. 母　模

母模为制造硅胶模的原型件，其表面质量直接影响到硅胶模、翻制件的质量，母模主要通过以下三种途径获取。

（1）用 RP 技术制作母模（即 RP 样件），经过表面后处理；

（2）用数控加工技术制作原型，经过表面后处理；

（3）用市场上已有的产品。

2. 制作硅胶模

硅胶模的制作原理类似于铸造模的制作原理，区别在于硅胶模是在常温和真空环境下采用硅胶材料制作而成，而铸造模是在高温和常压环境下采用型砂制作而成。硅胶模的制作工艺过程如图 17.18 所示。

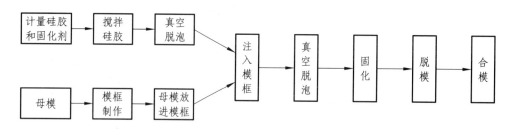

图 17.18　硅胶模的制作工艺过程

3. 制作浇注品

浇注品的制作工艺过程如图 17.19 所示。

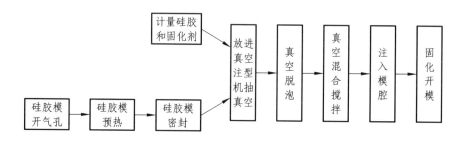

图 17.19　浇注品的制作工艺过程

17.2.3　真空注型机

以上海福斐科技发展有限公司的 VCM 600 真空注型机为例，简要介绍真空注型机的原理、结构、操作方法及其注意事项。

1. 真空注型机工作原理

真空注型机是真空注型过程中是必不可少的关键设备。由于双组分材料黏度很高，且在混合后会产生大量的气泡，因此，硅胶模和浇注品制作必须在真空环境中完成，使硅胶模和浇注品无气泡、致密，提高浇注品的质量和性能。

真空注型机主要有 A 杯机构、B 杯机构、搅拌机构、浇注机构、密封系统、抽真空系统、排气系统、照明系统和控制系统等组成。A 杯和 B 杯分别用来盛放固化剂和树脂材料；搅拌机构是在 A 杯中的固化剂倒入 B 杯后，用于对 B 杯中的混合材料进行搅拌，使其充分混合；真空系统使箱体内达到真空状态。B 杯中的双组分材料脱泡并充分混合后，通过浇注机构将液体材料注入硅胶模中。

2. 真空注型机结构

VCM 600 真空注型机（见图 17.20）由 A 杯机构、B 杯机构、搅拌机构、真空系统、控制系统、密封系统等组成。A 杯机构和 B 杯机构为手动，搅拌机构由电机驱动，操作面板位于系统正面的右边，真空室采用大玻璃门，使真空室内的工作过程易于观察，便于操控。

图 17.20　VCM 600 真空注型机结构图

3. 真空注型机操作方法

（1）急停：紧急情况可按下"急停"按钮，按钮自锁，切断除电源指示灯外所有工作电源。顺时针旋可释放该按钮。

（2）电源：接通或断开工作电源，并指示。

（3）真空表：指示真空室压力。

（4）泵启动：按下按钮，真空泵启动。

（5）泵停止：按下按钮，真空泵停止。

（6）计时器：范围为 1 s～60 min 60 s。

（7）调速器：向下按下开关（Run），搅拌器启动；向上按回开关（Stop），搅拌器停止。调节调速器上的旋钮可调节搅拌器速度，转速调节范围是 0～100 r/min。

（8）A 杯手柄：顺时针摇动手柄，A 料杯倒料动作。逆时针摇动手柄，A 料杯返回原位，完成 A 料杯倒料。

（9）B 杯手柄：顺时针摇动手柄，B 料杯倒料动作。逆时针摇动手柄，B 料杯返回原位，完成 B 料杯倒料。

（10）大放气：按下按钮，真空室进行大放气；再按下跳起按钮，真空室关闭，停止大放气。

（11）小放气：按下按钮，真空室进行小放气；再按下跳起按钮，真空室关闭，停止小放气。

4. 真空注型机注意事项

操作真空注型机时，每次工作结束后，应立即清理工作室和模具室、A 杯、B 杯及搅拌器，同时应注意以下事项，见表 17.1。

表 17.1　真空注型机注意事项

原　因	措　施
不能达到规定的真空度	启动真空泵后，出现真空表指针不动或真空泵运转 B 达到本机设定时间，而真空表指针仍达不到规定真空度的情况，应停止抽真空，开启密封门，作如下检查处理： （1）检查门的密封条，如有脏物应清除，如有微小损伤，可涂润滑脂应急，在密封条底部垫纸条，必要时更换新密封条； （2）检查门是否能扣紧； （3）检查系统各接口是否漏气； （4）检查阀门是否正常； （5）检查真空表是否损坏
浇注材料含水分	（1）检查盛装 A、B 料的瓶盖是否盖好； （2）打开 A、B 料瓶盖，将材料置入烘箱，35～40 ℃约烘 1 h； （3）A、B 料各倒入容器中，放入真空注型机抽真空脱泡约 15 min
硅胶模排气孔太少	在硅胶模的上模腔的高点多开排气孔
浇注操作不当	（1）混合后的 A、B 料必须在材料允许操作时间范围内倒入模腔； （2）VCM 600 真空注型机电磁阀开启与关闭的间隔时间应大于 8～10 s
硅胶模模腔有水分	（1）打开硅胶模置于烘箱中，70 ℃下烘 30 min； （2）操作人员的手应保持干燥
浇注材料未充满模具就搬动	（1）浇注完毕硅胶模在真空注型机内应等所有气孔溢出材料，才能搬动模具； （2）进气阀开启时间间隔应大于 8～10 s

17.2.4　快速模具实践

1. 材料与设备

（1）实践材料。一般硅胶模所用材料的配置比例，硅胶∶固化剂＝10∶1，具体见材料使用说明。

（2）实践设备。真空注型机、空压机、喷砂机、电子秤、搅拌器、烘箱，脱模工具和后处理工具等。

2. 硅胶模具制作

（1）原型制作（快速成型或 CNC 加工等）。

（2）表面处理（见图 17.21）：表面修复打磨，验证，喷脱模剂。

（3）制作分模面。

① 选择贴胶带辅助分型（平贴、竖贴）。

② 贴胶带的原则：

a. 易分模（模具是手工分开的，分型面越简单越好）；

b. 方便后处理（最好贴在不需要后处理的地方或易处理的地方）；

c. 胶带一般的宽度不能超过 1 cm，在胶带外围涂上记号，最好用黑色。

③ 可以不贴胶带，直接将分型边设在零件上。

④ 如果有倒扣的地方还要设计滑块，滑块要靠模具的自身定位。

图 17.21　表面处理

（4）模框制作（见图 17.22）。

① 根据原型的大小围框（框子的高度一般比模具高 5 cm 到 10 cm 即可）；

② 框子要密封，不能漏硅胶。若漏硅胶，可以在漏的地方加温让其迅速固化。

图 17.22　模框制作

（5）原型固定（见图 17.23）。

① 垫旧硅胶：用干净的，体积不要太大，否则与新的硅胶粘不牢；

② 悬挂：用胶水粘牢，不能在倒硅胶的时候把粘接的地方冲掉。

图 17.23　原型固定

（6）准备硅胶（见图 17.24）。

① 根据框子的体积预算硅胶（1 cm^3 = 1.1 g 硅胶，有时可适当增大硅胶的量，如 1 cm^3 = 1.3 g 硅胶）；

② 称量硅胶和固化剂（容器的体积应该是所用硅胶体积的 4 ~ 5 倍，这样方便抽真空），硅胶和固化剂的配比一定要准确（一般为硅胶：固化剂 = 10：1）。

（7）搅拌硅胶（见图 17.25）。搅拌硅胶使硅胶和固化剂充分混合均匀，以经验判断，一般搅拌到乳白色即可。

图 17.24 称量硅胶

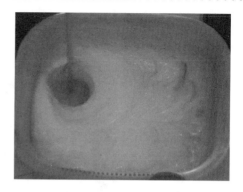

图 17.25 搅拌硅胶

（8）真空脱泡（见图 17.26）。一般抽到硅胶不再继续上升即可，时间不能超过 10 min。

（9）硅胶倒入模框内（见图 17.27）。

① 若是旧硅胶垫底，先将硅胶倒到略高于旧硅胶，放上原型，再将硅胶倒满；

② 若是悬吊，硅胶只能从边缘倒入框中，千万不要把原型冲掉；

③ 别把分型面的胶带冲掉或粘在原型上。

图 17.26 真空脱泡

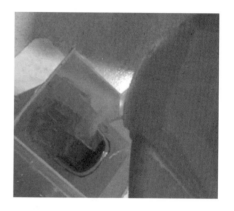

图 17.27 硅胶倒入模框内

（10）真空脱泡（见图 17.28）。第二次抽真空，抽到没有大的气泡连续冒出即可。

图 17.28 真空脱泡

（11）重新定位原型（见图 17.29）。防止第二次抽真空时，原型移位，需再次定位。

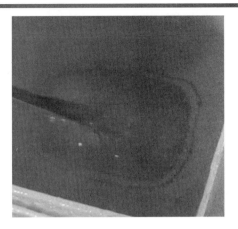

图 17.29　重新定位

（12）加热固化硅胶模具。将模具放入烘箱内加热固化，固化温度及时间：40 ℃需 1 个晚上，70 ℃需 3 h。

（13）分模。根据事先设计的分型面将模具用利器（手术刀）分开（见图 17.30），取出原型，模腔形成（分模时注意不能把割到原型件）。

图 17.30　分模

（14）开设浇口（见图 17.31）。

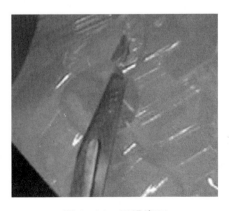

图 17.31　开设浇口

① 理论上开在浇件的最低点是最好的，实际中不是所有的都能做到；

② 不要开在零件有结构的地方，要减少后处理的工作量；

③ 要考虑易脱模；

④ 最好开在零件的边缘，便于处理的地方（主要不影响翻件的脱模，有些也可开在零件的中间）；

⑤ 根据零件的大小，决定浇口的大小与多少（一般浇口开圆形，直径为 10～14 mm）。

（15）开设排气口。

注意：排气口一般选择浇件的最高点；要考虑易分模；不要开在有细小结构的地方；排气不畅的地方；有些也可以开成盲孔。

3. 浇注件制作

（1）组合上下模（见图 17.32）。

① 喷洒脱模剂，可以方便翻件脱模，也可以延长模具的使用寿命；

② 用胶带或工业钉将模具合起来。

注意：

① 喷洒脱模剂量不能太多，否则会影响模具表面质量；

② 要控制好拉胶带的力度，拉紧了模具变形，拉松了会漏料；

③ 模具底面要垫平板；

④ 把浇口与排气口处的胶带戳穿。

（2）配料（见图 17.33）。

① 料要摇匀；

② 配比要准确（一般为 1∶1）；

③ A 料杯的壁挂（第一次用要加余量），如果清洗过，也要加余量；

④ 确定用料量（配料的原则是：用料量＝零件量+浇口量+排气口量+A 杯壁挂量+部分漏料量）。

图 17.32　组合上下模

图 17.33　配料

（3）浇件。

① 模具放入真空机，根据浇件的需要，排气的顺畅，有三种放置方法：

a. 平放，一般一面结构较多，另一面没有结构，接近于平板的零件，把结构朝上；

b. 竖放，没有结构的零件，便于排气；

c. 斜放，主要针对零件的结构，便于排气。

② 抽 10 min 左右真空；

③ A、B 料混合：将 A 料倒入 B 料杯内（此动作应控制在 30 s 内完成），将 B 料杯倾斜 45°，继续搅拌至 A、B 料均匀混合（一般 30 ~ 40 s 即可），如图 17.34 所示；

④ 停止抽真空；

⑤ 倒料（不能断流）；

⑥ 恢复大气压，将模具拿出。

（4）清洗工具。将 A、B 料杯及真空注型机内部清洗干净。

图 17.34　把 A 杯、B 杯的材料混合

（5）固化。将模具放入烘箱内加热，温度及时间：40 ℃ 需约 1 h，70 ℃ 需约 30 min。

（6）翻件开模（见图 17.35）。

注意：

① 零件变形；

② 不能强行脱模，以免模具损坏；

③ 若是模具损失的热量太多，则要重新加热到需要的温度，保证下一个翻件的模温足够；

④ 要检查翻件有没有缺陷，可以随时对模具进行修改；

⑤ 有些翻件需要进行二次固化才能达到最佳性能，主要是耐高温的材料（如 PX223）。

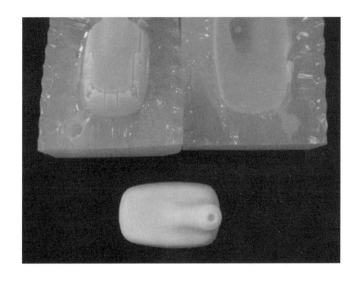

图 17.35　翻件开模

实践作品

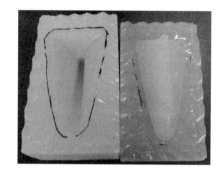

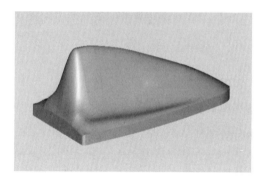

思考与练习

17.1 简述 FDM 的基本原理。

17.2 试述 FDM 的工艺特点与操作注意事项。

17.3 在 FDM 成型过程中，为什么必须加支撑结构？

17.4 FDM 技术适用于成型哪些样件？

17.5 什么是快速模具技术？软模技术具有哪些优点？

17.6 简述分模面的选择原则。

17.7 简述制作硅胶模的步骤。

17.8 简述真空浇注塑料制品的操作过程。

第 18 章　CAD 应用

18.1　CAD 概论

CAD 即计算机辅助设计（Computer Aided Design），利用计算机及其图形设备帮助设计人员进行设计工作，简称 CAD。在工程和产品设计中，计算机可以帮助设计人员担负计算、信息存储和制图等项工作。在设计中通常要用计算机对不同方案进行大量的计算、分析和比较，以决定最优方案；各种设计信息，不论是数字的、文字的或图形的，都能存放在计算机的内存或外存里，并能快速地检索；设计人员通常用草图开始设计，将草图变为工作图的繁重工作可以交给计算机完成；由计算机自动产生的设计结果，可以快速作出图形显示出来，使设计人员及时对设计作出判断和修改；利用计算机可以进行与图形的编辑、放大、缩小、平移和旋转等有关的图形数据加工工作。CAD 能够减轻设计人员的计算画图等重复性劳动，专注于设计本身，缩短设计周期和提高设计质量。

SolidWorks 公司是一家专业从事三维机械设计、工程分析、产品数据管理软件研发和销售的国际性公司。其产品 SolidWorks 是世界上第一套基于 Windows 系统开发的三维 CAD 软件，这是一套完整的 3D MCAD 产品设计解决方案，即在一个软件包中为产品设计团队提供了所有必要的机械设计、验证、运动模拟、数据管理和交流工具。该软件以参数化特征造型为基础，具有功能强大、易学、易用等特点，是当前最优秀的三维 CAD 软件之一。SolidWorks 凭借优越的性价比以及易学易用的特点在全国高校工程训练中得到了广泛的应用。

18.2　SolidWorks 应用

18.2.1　SolidWorks 软件简介

1. 软件界面

SolidWorks 软件界面如图 18.1 所示，主要包括了常见的菜单栏、工具栏、图形区域、状态栏等。

2. 软件功能

功能强大、易学易用和技术创新是 SolidWorks 的三大特点，使得 SolidWorks 成为领先的、主流的三维 CAD 解决方案。如果你熟悉微软的 Windows 系统，那你基本上就可以用 SolidWorks 进行设计了。SolidWorks 独有的拖拽功能使你能在比较短的时间内完成大型装配设计。SolidWorks 资源管理器是同 Windows 资源管理器一样的 CAD 文件管理器，用它可以方便地管理 CAD 文件。使用 SolidWorks，整个产品设计是可编辑的，零件设计、装配设计和工程图之间的是全相关的。

图 18.1　SolidWorks 软件界面

18.2.2　实例讲解

1. 连接件的设计制作

完成如图 18.2 所示的连接件模型的设计与制作。

（1）单击【新建】按钮，新建一个零件文件。

（2）选取前视基准面，单击【草图绘制】按钮，进入草图绘制，绘制草图，如图 18.3 所示。

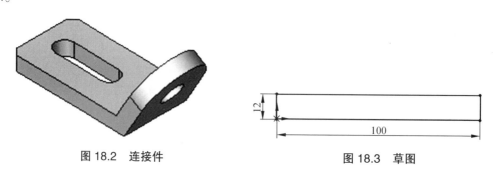

图 18.2　连接件　　　　　　　　　　　图 18.3　草图

（3）单击【拉伸凸台/基体】按钮，出现【拉伸】属性管理器，在【终止条件】下拉列表框内选择【两侧对称】选项，在【深度】文本框内输入"54 mm"，单击【确定】按钮，如图 18.4 所示。

（4）单击【基准面】按钮，出现【基准面】属性管理器，单击【两面夹角】按钮，在【角度】文本框内输入"120°"，单击【确定】按钮，建立新基准面，如图 18.5 所示。

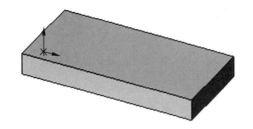

图 18.4　"拉伸"特征

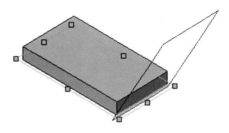

图 18.5　"两面夹角"基准面

（5）选取基准面 1，单击【草图绘制】按钮，进入草图绘制，单击【正视于】按钮，绘制草图，如图 18.6 所示。

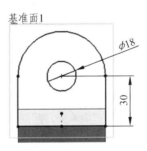

图 18.6　草图

（6）单击【拉伸凸台/基体】按钮，出现【拉伸】属性管理器，在【终止条件】下拉列表框内选择【给定深度】选项，在【深度】文本框内输入"12 mm"，单击【确定】按钮，如图 18.7 所示。

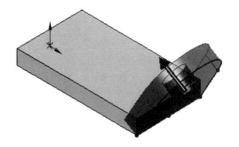

图 18.7　"拉伸"特征

（7）选取基体上表面，单击【草图绘制】按钮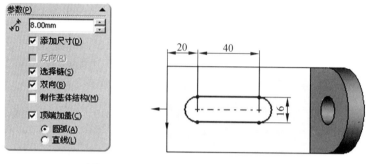，进入草图绘制，单击【等距实体】按钮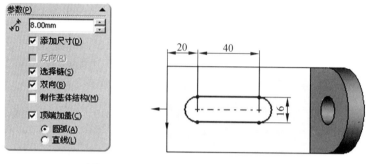，出现【等距实体】属性管理器，在【等距距离】文本框内输入"8 mm"，选中【添加尺寸】、【选择链】和【顶端加盖】复选框，选中【圆弧】单选按钮，单击【确定】按钮，标注尺寸，完成草图，如图18.8所示。

图 18.8　运用"等距实体"绘制草图

（8）单击【拉伸切除】按钮，出现【切除-拉伸】属性管理器，在【终止条件】下拉列表框内选择【完全贯穿】选项，单击【确定】按钮，如图18.9所示。

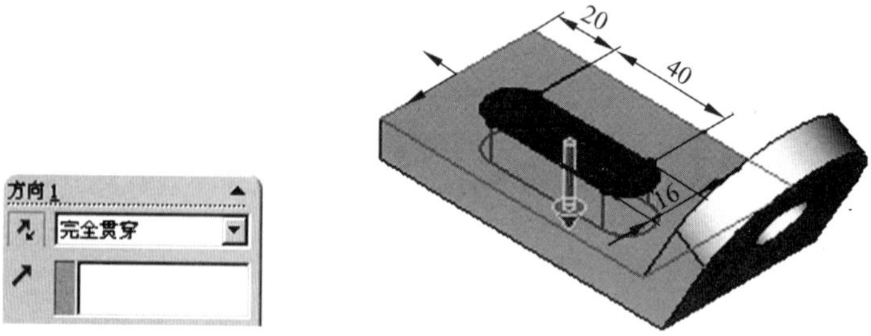

图 18.9　"切除−拉伸"特征

（9）单击【倒角】按钮，出现【倒角】属性管理器，选择"边线1"和"边线2"，选中【角度距离】单选按钮，在【距离】文本框内输入"5 mm"，在【角度】文本框内输入"45°"，单击【确定】按钮，如图18.10所示。

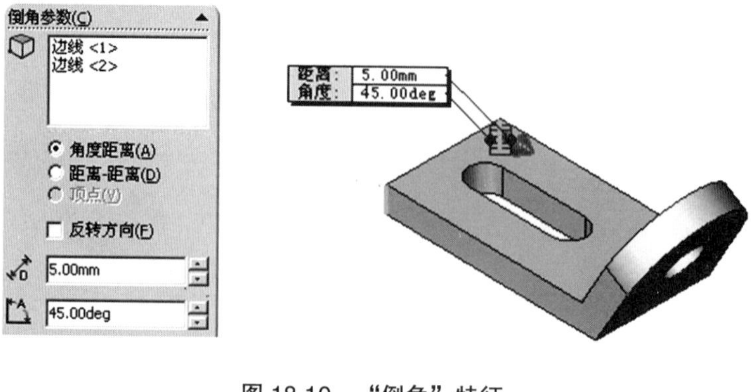

图 18.10　"倒角"特征

（10）保存零件。完成零件建模后，单击【标准】工具栏上的【保存】按钮 ⊞ ，弹出【另存为】对话框，输入文件名为"连接件.SLDPRT"，单击【保存】按钮 ⊞ ，保存文件。

2.烟灰缸的设计制作

完成如图 18.11 所示的方形烟灰缸模型的设计与制作。

（1）单击【新建】按钮 ▯ ，新建一个零件文件。

（2）选取上视基准面，单击【草图绘制】按钮 ✍ ，进入草图绘制，绘制草图，如图 18.12 所示。

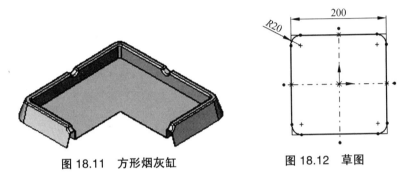

图 18.11　方形烟灰缸　　　　　图 18.12　草图

（3）单击【拉伸凸台/基体】按钮 ⬚ ，出现【拉伸】属性管理器，在【终止条件】下拉列表框内选择【给定深度】选项，在【深度】文本框内输入"26 mm"，单击【拔模开/关】按钮 ⬚ ，在【拔模角度】文本框内输入"18°"，单击【确定】按钮 ✓ ，如图 18.13 所示。

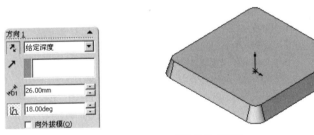

图 18.13　"拉伸"特征

（4）选取基体上表面，单击【草图绘制】按钮 ✍ ，进入草图绘制，单击【等距实体】按钮 ⮂ ，出现【等距实体】属性管理器，在【等距距离】文本框内输入"8 mm"，选中【添加尺寸】、【选择链】复选框，单击【确定】按钮 ✓ ，完成草图，如图 18.14 所示。

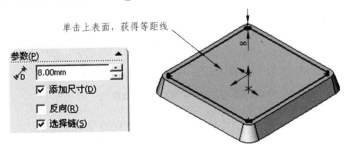

图 18.14　草图

（5）单击【拉伸切除】按钮▣，出现【切除-拉伸】属性管理器，在【终止条件】下拉列表框内选择【给定深度】选项，在【深度】文本框内输入"20 mm"，单击【确定】按钮✓，如图18.15所示。

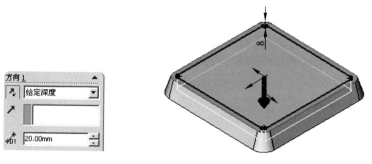

图18.15 "切除-拉伸"特征

（6）选取前视基准面，单击【草图绘制】按钮✎，进入草图绘制，绘制草图，如图18.16（a）所示。单击【拉伸切除】按钮▣，出现【切除-拉伸】属性管理器，在【终止条件】下拉列表框内选择【完全贯穿】选项，单击【确定】按钮✓，如图18.16（b）所示。

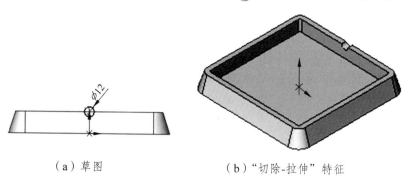

（a）草图　　　　　　　　　（b）"切除-拉伸"特征

图18.16 "切除-拉伸"特征

（7）单击【基准轴】按钮✎，出现【基准轴】属性管理器，单击【两平面】按钮，选取"右视基准面"和"前视基准面"，单击【确定】按钮✓，如图18.17所示。

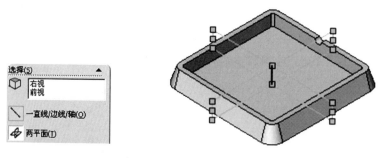

图18.17 "基准轴"特征

（8）单击【圆周阵列】按钮✿，出现【圆周阵列】属性管理器，【阵列轴】选择"基准轴1"，在【角度】文本框内输入"360°"，在【实例数】文本框内输入"4"，选中【等间距】复选框，【要阵列的特征】选择"切除-拉伸2"，单击【确定】按钮✓。如图18.18所示。

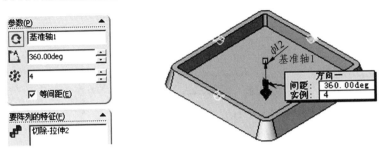

图 18.18　"圆周阵列"特征

（9）单击【圆角】按钮，出现【圆角】属性管理器，在【半径】文本框内输入"2"，选取欲设圆角平面，单击【确定】按钮，如图 18.19 所示。

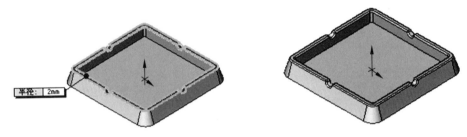

图 18.19　"圆角"特征

（10）单击【抽壳】按钮，出现【抽壳】属性管理器，在【移出的面】中，选择"面 1"，在【厚度】文本框内输入"1 mm"，单击【确定】按钮，如图 18.20 所示。

图 18.20　"抽壳"特征

（11）保存零件。完成零件建模后，单击【标准】工具栏上的【保存】按钮，弹出【另存为】对话框，输入文件名为"烟灰缸.SLDPRT"，单击【保存】按钮，保存文件。

3. 调味盒的设计制作

完成如图 18.21 所示的调味盒模型的设计与制作。

（1）单击【新建】按钮，新建一个零件文件。

（2）选取上视基准面，单击【草图绘制】按钮，进入草图绘制，绘制草图，如图 18.22（a）所示。单击【拉伸凸台/基体】按钮，出现【拉伸】属性管理器，在【终止条件】下拉列表框内选择【给定深度】选项，在【深度】文本框内输入"40 mm"，单击【确定】按钮，如图 18.22（b）所示。

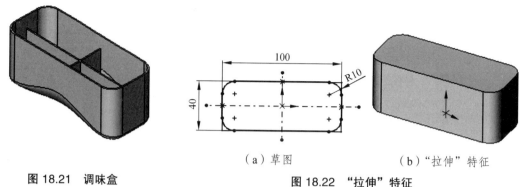

图 18.21 调味盒

（a）草图   （b）"拉伸"特征

图 18.22 "拉伸"特征

（3）单击【圆角】按钮 ，出现【圆角】属性管理器，选中【变半径】单选按钮，圆角项目中选择实体的各底边，如图 18.23 所示。

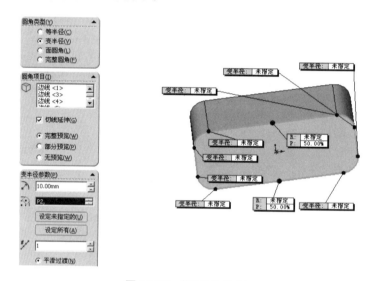

图 18.23 "圆角"特征

（4）双击各半径提示框的"未指定"，输入半径值，设置完毕，单击【确定】按钮 ，如图 18.24 所示。

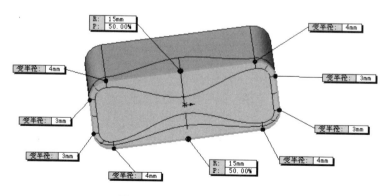

图 18.24 输入"圆角"半径

（5）单击【抽壳】按钮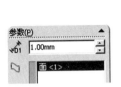，出现【抽壳】属性管理器，在【移出的面】中，选择"面<1>"，在【厚度】文本框内输入"1 mm"，单击【确定】按钮，如图 18.25 所示。

图 18.25　"抽壳"特征

（6）单击【基准面】按钮⊘，出现【基准面】属性管理器，单击【等距距离】按钮，在【距离】文本框内输入"30 mm"，单击【确定】按钮✅，建立新基准面，如图 18.26 所示。

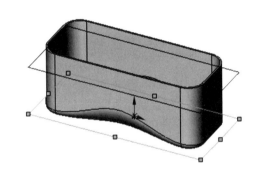

图 18.26　"等距距离"基准面

（7）选取基准面 1，单击【草图绘制】按钮，进入草图绘制，单击【正视于】按钮，绘制草图，如图 18.27 所示。

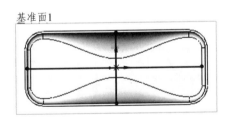

图 18.27　"筋"草图

（8）单击【筋】按钮，出现【筋】属性管理器，在【筋厚度】文本框内输入"1 mm"，设置【厚度】为【两侧】，设置【拉伸方向】为【平行于草图】，单击【确定】按钮✅，如图 18.28 所示。

（9）保存零件。完成零件建模后，单击【标准】工具栏上的【保存】按钮，弹出【另存为】对话框，输入文件名为"调味盒.SLDPRT"，单击【保存】按钮，保存文件。

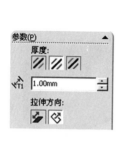

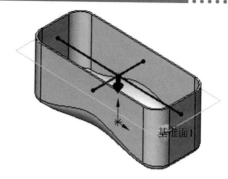

图 18.28 "筋"特征

思考与练习

18.1 思考题

（1）SolidWorks 软件的三个基本基准面的名称叫什么？各有什么特点？

（2）在什么情况下需要中心线：如何进行中心线的操作？中心线是否影响特征的生成？

（3）选择多个实体时，需要按住哪个键？

（4）为什么说完全定义草图几何线是一个良好的习惯？

（5）创建第一张草图时，如果在单击【草图绘制】按钮之前没有选择基准面，将会发生什么情况？

（6）如果想放大模型使之整屏显示，使用哪个热键？

（7）描述在草图上添加圆角与添加圆角作为特征这两者在选择过程上的差异。

（8）在基本的抽壳过程中，选择的面会发生什么变化？

18.2 练习题

建立如图 18.29 至 18.31 所示的零件模型。

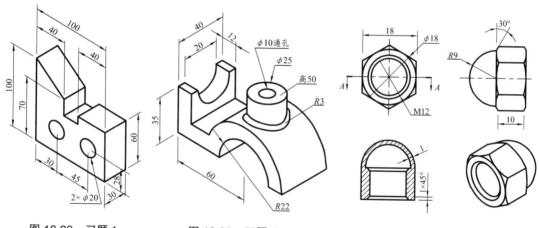

图 18.29 习题 1　　　图 18.30 习题 2　　　图 18.31 习题 3

附录：编写与学习参考网址

1. http://course.tju.edu.cn/physics/syjx/jxnr/cha2/s2.htm
2. http://dxwl.hubu.edu.cn/sy/page-31/3101/b4.htm
3. http://elearning.shu.edu.cn/clcx/index.htm
4. http://www.jdzj.com/
5. http://jpkc.hhuc.edu.cn/clcxjs/web/index.htm，
6. http://www.oyxy111.com/
7. http://www.jd37.com/
8. http://www.skxox.com/
9. http://wlxt.whut.edu.cn/
10. http://jdzx.fzu.edu.cn/Article/Index.asp
11. http://www.yook.cn/tech
12. http://www.cavtc.net/hkxy/jpkc/skjcycz/
13. http://218.65.5.218/mpt/index.aspx
14. http://wlxt.whut.edu.cn/jdsy/book/neirong/
15. http://www.mise.swust.edu.cn/kj/clcx/index.htm
16. http://www.gxcme.edu.cn/jpkc1/hj060522/weld12.6/index.htm
17. http://elearning.shu.edu.cn/clcx/index.htm
18. http://www.ltcem.com/jpkc/skjcbc/ziyuan/dianzijiaoc.htm
19. http://www.finegrain.ac.cn/clwangye/dy/%D7%D4%D3%C9%B6%CD.html
20. http://etc-jxzzjc.hrbeu.edu.cn/cggd.asp
21. http://etc-jxzzjc.hrbeu.edu.cn/cailiaochengxing/
22. http://jpk.hrbust.edu.cn/cxsb/courceware/chapter8/section1/section1.htm
23. http://www.shjxgy.com/qj/05.htm
24. http://news.mechnet.com.cn/jxbz/detail--15970--.html
25. http://www.lanshengcnc.com/
26. http://www.cavtc.net/hkxy/jpkc/skjcycz/
27. http://www.chinabaike.com/z/jichuang/706490.html
28. http://www.hjtjx.com/news_view.asp?id=92
29. http://www.zjuitc.com/home.asp

参考文献

[1] 张木青，于兆勤. 机械制造工程训练[M]. 广州：华南理工大学出版社，2007.

[2] 周世权. 工程实践[M]. 武汉：华中科技大学出版社，2003.

[3] 贺小涛，曾去疾，唐小红. 机械制造工程训练[M]. 长沙：中南大学出版社，2003.

[4] 张力真，徐永长. 金属工艺学实习教材[M]. 北京：高等教育出版社，2001.

[5] 柳秉毅，黄明宇，徐钟林. 金工实习[M]. 北京：机械工业出版社，2002.

[6] 清华大学金属工艺学教研室. 金属工艺学实习教材[M]. 北京：高等教育出版社，2002.

[7] 余能真，罗在银，等. 车工职业技能鉴定教材[M]. 北京：中国劳动出版社，1998.

[8] 许兆丰，梁君豪. 车工工艺学[M]. 北京：中国劳动出版社，2002.

[9] 王爱玲. 现代数控编程技术与应用[M]. 北京：国防工业出版社，2002.

[10] 吴明友. 数控机床加工技术编程与操作[M]. 南京：东南大学出版社，2000.

[11] 赵万生，刘晋春，等. 实用电加工技术[M]. 北京：机械工业出版社，2002.

[12] 全燕鸣. 金工实训[M]. 北京：机械工业出版社，2001.

[13] 金禧德，王志海. 金工实习[M]. 北京：高等教育出版社，2001.

[14] 魏华胜. 铸造工程基础[M]. 北京：机械工业出版社，2002.

[15] 张木青，宋小春. 制造技术基础实践[M]. 北京：机械工业出版社，2002.

[16] 滕向阳. 金属工艺学实习教材[M]. 北京：机械工业出版社，2004.

[17] 萧泽新. 金工实习教材[M]. 广州：华南理工大学出版社，2010.